中国重要农业文化遗产系列丛书

闵庆文　周　峰　◎丛书主编

浙江仙居
杨梅栽培系统

ZHEJIANG XIANJU YANGMEI ZAIPEI XITONG

卢　勇　张凤岐　冯　培　主编

U0380766

中国农业出版社

农村读物出版社

北　京

图书在版编目（CIP）数据

浙江仙居杨梅栽培系统／卢勇，张凤岐，冯培主编.
—北京：中国农业出版社，2019.12
　（中国重要农业文化遗产系列丛书／闵庆文，周峰
主编）
　ISBN 978-7-109-26827-2

　Ⅰ．①浙…　Ⅱ．①卢…　②张…　③冯…　Ⅲ．①杨梅－
种养结合－农业系统　Ⅳ．① S667.6

中国版本图书馆 CIP 数据核字 (2020) 第 077945 号

浙江仙居杨梅栽培系统

中国农业出版社出版

地址：北京市朝阳区麦子店街 18 号楼

邮编：100125

责任编辑：黄　曦

文字编辑：丁瑞华　黎　岳

责任校对：吴丽婷

印刷：北京缤索印刷有限公司

版次：2019 年 12 月第 1 版

印次：2019 年 12 月第 1 次印刷

发行：新华书店北京发行所发行

开本：710mm×1000mm　　1/16

印张：16

字数：300 千字

定价：68.00 元

编写委员会

我国是历史悠久的文明古国，也是幅员辽阔的农业大国。长期以来，我国劳动人民在农业实践中积累了认识自然、改造自然的丰富经验，并形成了自己的农业文化。农业文化是中华五千年文明发展的物质基础和文化基础，是中华优秀传统文化的重要组成部分，是构建中华民族精神家园、凝聚中华儿女团结奋进的重要文化源泉。

党的十八大提出，要"建设优秀传统文化传承体系，弘扬中华优秀传统文化"。习近平总书记强调，"中华优秀传统文化已经成为中华民族的基因，植根在中国人内心，潜移默化地影响着中国人的思想方式和行为方式。今天，我们提倡和弘扬社会主义核心价值观，必须从中汲取丰富营养，否则就不会有生命力和影响力"。云南红河哈尼稻作梯田系统、江苏兴化垛田传统农业系统、浙江青田稻鱼共生系统，无不折射出古代劳动人民吃苦耐劳的精神，这是中华民族的智慧结晶，是我们应当珍视和发扬光大的文化瑰宝。现在，我们提倡生态农业、低碳农业、循环农业，都可以从农业文化遗产中吸收营养，也需要从经历了几千年自然与社会考验的传统农业中汲取经验。实践证明，做好重要农业文化遗产的发掘保护和传承利用，对于促进农业可持续发展、带动遗产地农民就业增收、传承农耕文明，都具有十分重要的作用。

中国政府高度重视重要农业文化遗产保护，是最早响应并积极支持联合国粮食及农业组织（FAO）全球重要农业文化遗产保护的国家之一。经过十几年工作实践，我国已经初步形成"政府主导、多方参与、分级管理、利益共享"的农业文化遗产保护管理机制，有力地促进了农业文化遗产的挖掘和保护。2005年以来，已有15个遗产地列入"全球重要农业文化遗产名录"，数量名列世界各国之首。中国是第一个开展国家级农业文化遗产认定的国家，是第一个制定农业文化遗产保护管理办法的国家，也是第一个开展全国性农业文化遗产普查的国家。2012年以来，农业部[①]分三批发布了62项"中国重要农业文化遗产"[②]；2016年，农业部发布了28项中国全球重要农业文化遗产预备名单[③]。此外，农业部于2015年颁布了《重要农业文化遗产管理办法》，2016年初步普查确定了具有潜在保护价值的传统农业生产系统408项。同时，中国对联合国粮食及农业组织的全球重要农业文化遗产保护项目给予积极支持，利用南南合作信托基金连续举办国际培训班，通过亚洲太平洋经济合作组织（APEC）、20国集团（G20）等平台及其他双边和多边国际合作，积极推动国际

---

① 农业部于2018年4月8日更名为农业农村部。
② 截至2020年7月，农业农村部已发布五批118项"中国重要农业文化遗产"。
③ 2019年发布了第二批36项全球重要农业文化遗产预备名单。

农业文化遗产保护，对世界农业文化遗产保护做出了重要贡献。

当前，我国正处在全面建成小康社会的决定性阶段，正在为实现中华民族伟大复兴的中国梦而努力奋斗。推进农业供给侧结构性改革，加快农业现代化建设，实现农村全面小康，既要借鉴世界先进生产技术和经验，更要继承我国璀璨的农耕文明，弘扬优秀农业文化，学习前人智慧，汲取历史营养，坚持走中国特色农业现代化道路。"中国重要农业文化遗产系列读本"从历史、科学和现实三个维度，对中国农业文化遗产的产生、发展、演变以及农业文化遗产保护的成功经验和做法进行了系统梳理和总结，是对农业文化遗产保护宣传推介的有益尝试，也是我国农业文化遗产保护工作的重要成果。

我相信，这套丛书的出版一定会对今天的农业实践提供指导和借鉴，必将进一步提高全社会保护农业文化遗产的意识，对传承好弘扬好中华优秀文化发挥重要作用！

农业部部长 韩长赋

2017年6月

序言一

浙江仙居杨梅栽培系统

自有人类历史文明以来，勤劳的中国人民运用自己的聪明智慧，与自然共融共存，依山而住、傍水而居，经过一代代努力和积累，创造出了悠久而灿烂的中华农耕文明，成为中华传统文化的重要基础和组成部分，并曾引领世界农业文明数千年，其中所蕴含的丰富的生态哲学思想和生态农业理念，至今对于世界农业可持续发展依然具有重要的指导意义和参考价值。

针对工业化农业所造成的农业生物多样性丧失、农业生态系统功能退化、农业生态环境质量下降、农业可持续发展能力减弱、农业文化传承受阻等问题，联合国粮食及农业组织（FAO）于2002年在全球环境基金（GEF）等国际组织和有关国家政府的支持下，发起了全球重要农业文化遗产（GIAHS）倡议，以发掘、保护、利用、传承世界范围内具有重要意义的，包括农业物种资源与生物多样性、传统知识和技术、农业生态与文化景观、农业可持续发展模式等在

内的传统农业系统。

全球重要农业文化遗产的概念和理念甫一提出，就得到了国际社会的广泛响应和支持。截至2014年年底，已有13个国家的31项传统农业系统被列入GIAHS保护名录[①]。经过努力，在2015年6月结束的联合国粮食及农业组织大会上，已明确将GIAHS作为一项重要工作，纳入常规预算支持。

中国是最早响应并积极支持该项工作的国家之一，并在全球重要农业文化遗产申报与保护、中国重要农业文化遗产发掘与保护、推进重要农业文化遗产领域的国际合作、促进遗产地居民和全社会农业文化遗产保护意识的提高、促进遗产地经济社会可持续发展和传统文化传承、人才培养与能力建设、农业文化遗产价值评估和动态保护的机制与途径探索等方面取得了令世人瞩目的成绩，成为全球农业文化遗产保护的榜样，成为理论和实践高度融合的新的学科生长点、农业国际合作的特色工作、美丽乡村建设和农村生态文明建设的重要抓手。自2005年浙江青田稻鱼共生系统被列为首批"全球重要农业文化遗产名录"以来的10年间，我国已拥有11个全球重要农业文化遗产，居于世界各国之首[②]；2012年开展中国重要农业文化遗产发掘与保护，2013年和2014年共有39个项目得到认定[③]，成为最早开展国家级农业文化遗产发掘与保护的国家；重要农业文化遗产管理的体制与机制趋于完善，并初步建立了"保护优先、合理利用，整体保护、协调发展，动态保护、功能拓展，多方参与、惠益共享"的保护方针和"政府主导、分级管理、多方参与"的管理

① 截至2020年4月，已有22个国家的59项传统农业系统被列入GIAHS保护名录。

② 截至2020年4月，我国已有15项全球重要农业文化遗产，数量居于世界各国之首。

③ 2013年、2014年、2015年、2017年、2020年共有五批118项中国重要农业文化遗产得到认定。

机制；从历史文化、系统功能、动态保护、发展战略等方面开展了多学科综合研究，初步形成了一支包括农业历史、农业生态、农业经济、农业政策、农业旅游、乡村发展、农业民俗以及民族学与人类学等领域专家在内的研究队伍；通过技术指导、示范带动等多种途径，有效保护了遗产地农业生物多样性与传统文化，促进了农业与农村的可持续发展，提高了农户的文化自觉性和自豪感，改善了农村生态环境，带动了休闲农业与乡村旅游的发展，提高了农民收入与农村经济发展水平，产生了良好的生态效益、社会效益和经济效益。

习近平总书记指出，农耕文化是我国农业的宝贵财富，是中华文化的重要组成部分，不仅不能丢，而且要不断发扬光大。农村是我国传统文明的发源地，乡土文化的根不能断，农村不能成为荒芜的农村、留守的农村、记忆中的故园。这是对我国农业文化遗产重要性的高度概括，也为我国农业文化遗产的保护与发展指明了方向。

尽管中国在农业文化遗产保护与发展上已处于世界领先地位，但农业文化遗产的保护相对而言仍然属于"新生事物"，仍有很多人对农业文化遗产的价值和保护重要性缺乏认识，加强科普宣传仍然有很长的路要走。在农业部农产品加工局（乡镇企业局）的支持下[①]，由中国农业出版社组织、闵庆文研究员及周峰担任丛书主编的这套"中国重要农业文化遗产系列读本"，无疑是农业文化遗产保护宣传方面的一个有益尝试。每本书均由参与遗产申报的科研人员和地方管理人员共同完成，力图以朴实的语言、图文并茂的形式，全面介绍各农业文化遗产的系统特征与价值、传统知识与技术、生态文化与景观以及保护与发展等内容，并附以地方旅游景点、特色饮

---

① 中国重要农业文化遗产工作现由农业农村部农村社会促进司管理。

食、天气条件等。可以说，这套丛书既是读者了解我国农业文化遗产宝贵财富的参考书，同时又是一套农业文化遗产地旅游的导游书。

我十分乐意向大家推荐这套丛书，也期望通过这套丛书的出版发行，使更多的人关注和参与到农业文化遗产的保护工作中来，为我国农业文化的传承与弘扬、农业的可持续发展、美丽乡村的建设做出贡献。

是为序。

中国工程院院士

联合国粮食及农业组织全球重要农业文化遗产指导委员会主席

农业部全球／中国重要农业文化遗产专家委员会主任委员

中国农学会农业文化遗产分会主任委员

中国科学院地理科学与资源研究所自然与文化遗产研究中心主任

2015年6月30日

仙居地处浙江省东南部，古称乐安，北宋真宗年间获赐"仙居"县名后沿用至今。是中国"国家公园"试点县。2018年入选年度全国投资潜力百强县市、全国绿色发展百强县市、第二批国家生态文明建设示范市县。

仙居种植杨梅的历史非常悠久。根据浙江金华市浦江上山文化遗址、余姚河姆渡遗址、仙居下汤文化遗址等地的考古发现推测，约在1万年前仙居先民就发现杨梅的食用价值并将其纳入食谱。仙居有史可查大规模种植杨梅的记录可以追

浙江仙居古杨梅复合种养系统[①]获批中国重要农业文化遗产（仙居县政府／提供）

---

① "浙江仙居杨梅栽培系统"为申报中国重要农业文化遗产时所用名称，"浙江仙居杨梅栽培系统"为正在申报联合国的全球重要农业文化遗产所用的名称。

溯到东晋时期，距今约有 1 700 年。经过世代相传的技术积累、因地制宜的种植体系完善，形成今天令人叹为观止的仙居古杨梅群复合种养系统。

仙居古杨梅群复合种养系统以位于仙居县括苍山山丘与山丘之间的流纹质火山岩地貌缓坡地为核心区，行政区划上以横溪镇和湫山乡的古杨梅群数量最多、分布最广、产量也最大，这里被喻为浙江乃至中国最珍贵的"古杨梅种质资源库"。仙居古杨梅群复合种养系统核心区内早在约 1 万年前就诞生了下汤文明。自东晋开始大规模种植杨梅以后，仙居杨梅在唐宋时期扬名天下，围绕着杨梅种植，古杨梅群复合种养系统初现端倪。明清时期，当地乡民结合前代种梅养蜂的经验，创造性地探索出梅－茶－鸡－蜂有机结合、立体布局的传统农业生产系统。

2015 年 9 月，仙居古杨梅群复合种养系统成功入选"中国第三批重要农业文化遗产"。2019 年 6 月《农业农村部办公厅关于公布第二批中国全球重要农业文化遗产预备名单的通知》发布，经浙江省农业农村厅遴选推荐、农业农村部全球重要农业文化遗产专家委员会评审等程序，浙江仙居杨梅栽培系统成功列入第二批中国全球重要农业文化遗产预备名单，成为全球重要农业文化遗产的候选地。随着社会各界对重要农业文化遗产重要性认识的不断加深，仙居古杨梅群复合种养系统必将得到更好地保护、传承和发展。为世界各国提供优质的杨梅、蜂蜜等产品，同时向世界展示中国山地农业立体复合开发的智慧，让世界各地了解仙居儿女创造的地域文化和民俗风情。

本书是中国农业出版社策划的"中国重要农业文化遗产系列读本"之一，旨在让广大读者更好地了解仙居古杨梅群复合种养系统这一因地制宜、复合发展、立体开发的农业智慧结晶，提高社会各界对农业文化遗产及其价值的认识和继承保护意识。

　　全书包括以下几个部分："引言"介绍了仙居古杨梅群复合种养系统的概况。"千年奇缘，山民之选"阐述仙居古杨梅群复合种养系统的地理区位与历史发展脉络。"保山护水，生态屏障"分析了仙居古杨梅群复合种养系统不仅是仙居生态系统的重要组成部分，也是国家东南部生态屏障战略的组成部分之一，在当地有着难以替代的生态服务功能。"梅茶鸡蜂，复合种养"诠释了仙居乡民如何以广阔的群山山麓、缓坡地带为作业区，巧妙并合理地在不同高度的山地环境中配植杨梅、茶树，并养殖仙居鸡和土蜂等，实现农业生产的层次化、立体化。"叠翠映红，斑斓画卷"描绘了古杨梅群复合种养系统所在地，山深、林茂、水秀，山有奇险清幽，林则品类繁盛，水则灵秀隽美，构成了一幅生态和谐、斑斓多彩的仙境画卷。"钟灵毓秀，物阜民丰"分析了以杨梅种植为核心形成的仙居杨梅文化，以及在此基础上衍生而出的各种民俗、非物质文化遗产以及饮食文化。"面山思危，未来可期"阐释了当前仙居古杨梅群复合种养系统面临的各种困境和解决之道。"附录"部分介绍了仙居古杨梅群复合种养系统的大事记、当地旅游资讯及全球／中国重要农业文化遗产名录。

　　本书是在仙居古杨梅群复合种养系统申报文本、保护与发展规划的基础上，通过进一步调研编写完成的，是集体智慧的结晶。全书由卢勇、陈加晋设计框架，卢勇统稿。张凤岐博士、陈雪音硕士、冯培硕士、余加红硕士、张强硕士、马宇贝博士分别负责本书第一至第六章内容的编写。本书编写过程中，得到仙居县委书记林虹，县政府副县长梅安虎，农业局党组书记、局长张金平等领导的支持，以及县农业局杨俞娟、郑方勇、王康强、沈梦婷和仙居神仙居管委会张东健等同志的帮助，在此一并表示感谢！同时还要感谢中国科学院地理研究所闵庆文教授对本书的大力指导，以及南京农业大学中华农业文明研究院院长王思明教授、南京农业大学经济管理学院展进涛教授、浙江大学管理学院吴茂英教授、华南农业大学赵艳萍

副教授对本书编写工作的鼎力支持。

由于作者水平有限，加之时间仓促，本书难免存在不够妥当甚至谬误之处，敬请专家、读者批评指正！

编　者

2019 年 9 月

目录

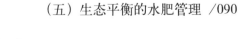

　　历史悠久、有机结合、分层次开发的仙居古杨梅群复合种养系统，诞生于浙江省东南部的台州市仙居县。在这里你可以品尝到味美汁鲜的杨梅等特色农产，你可以欣赏到流纹质火山岩地貌构造的崇山峻岭，你可以见识到仙居先民因地制宜发展奋进的智慧，你也可以感受到传统乡村的静谧和悠闲。到访者在这里流连忘返、浮想联翩，这里被他们称赞为"华东的香格里拉""中国最后的世外桃源"。

　　悠久漫长的农业发展史。仙居农业历史悠久，最远可追溯到万年以前。早在距今1万年前，下汤地区肥沃的山前台地就有人类活动，诞生了绚烂的文明之光。东晋徐履之奔赴乐安县上任的途中，"山中巧遇黑龙，满垅杨梅发乌"，看见黑龙经过的地方一排排的杨梅变成了黑色。宋代文学家苏东坡曾评价仙居杨梅说："闽广荔枝，西凉葡萄，未若吴越杨梅。"明清时期，仙居先民通过长期的实践积累，将梅-茶-鸡-蜂有机结合，仙居古杨梅群复合种养系统臻于成熟。

　　门类繁多的种质资源。经过千年的发展与世代选育后，仙居积累了数量众多、类型多样、品种丰富的古杨梅种质，被杨梅界誉为"杨梅良种之宝库"。在这里从野生杨梅到半野生杨梅，再到酸甜可食的栽培杨梅，都能找寻到它们的踪迹。除了早已被记录于书籍、报告中的杨梅品种外，2007年发现的"早头""小野乌""小炭梅""婆膜爷种"品种，均是首次发现的新品种，更新了中国杨梅品种资源的历史。除杨梅外还有其他国家重点保护野生植物13种，其中一级保护1种，二级保护12种。有重点保护兽类、鸟类、爬行类、两栖类野生动物25目64科260种，国家一级保护动物4种、二级保护动物35种，省重点保护野生动物20种。

至关重要的生态功能。仙居人以杨梅种植为核心在这片繁盛的山泽中开辟了属于自己的天地，在漫长的岁月中与这里生存的各种生灵建立了和谐友好的关系，浙江仙居杨梅栽培系统也由此形成。在这个系统中，人与自然和谐共处，处于同一生态圈子中的动物、植物与人类共同协作，促进生境的水土保持、涵养水源、控温增湿、净化空气，保护着共同的家园，为这一山清水秀的生态环境贡献力量。

别具一格的民俗文化。仙山种仙梅、仙梅育仙民、仙民筑仙村。仙居乡民世世栽杨梅、代代护杨梅，他们胼手胝足、耕作生息、筑村结寨，有村之处皆有杨梅。仙居先民们在栽梅采梅时往往是父子相携、邻里互助，当地形成了崇仁向善的慈孝之风、清正廉明的浩然正气、耕读传家的文脉传承。以杨梅种植生产为基础，衍生出各式各样与杨梅有关的生活习俗和地方文化，这些习俗和文化成为仙居人文资源的一大亮点。

山地特色的农产佳品。流纹质火山岩地貌坡地独特的自然环境，母亲河永安溪的浇灌为优质农产品生产提供了保障。美味多汁的仙居杨梅、蜜中精品——中华土蜂蜜、中华第一鸡——仙居鸡、仙居碧绿茶叶都是仙居农产品中的佼佼者。以杨梅种植、土蜂饲养、仙居鸡养殖、茶树种植为依托生产的杨梅干、杨梅酒、土蜂蜜、土鸡蛋、山茶油等都是馈赠亲友的佳品。

但我们也要看到，近年来，杨梅种植面积盲目扩大，杨梅基地面积由2000年的5万亩（1亩＝677米²）增加到2017年的13.8万亩，加之古杨梅群种质资源保护力度不足，杨梅基地的生态环境问题日益严峻。此外，随着经济发展的压力与日俱增，仙居县杨梅基地小规模经营方式的弊端逐渐暴露，组合化程度较低、品牌效益不强以及人工成本不断增加，再加上遗产地多样性退化，遗产地传统杨梅品种特性挖掘有待提高。同时，在整个古杨梅群复合种养系统中，除了杨梅一枝独秀外，茶、鸡、蜜蜂的发展仍存在较大空间，仙居古杨梅群复合种养系统的未来发展面临前所未有的挑战。

保护仙居古杨梅群复合种养系统已迫在眉睫。保护仙居古杨梅群复合种养系统，既是保护仙居遗产地居民赖以生存的环境和仙居杨梅的文化载体，更是保护仙居人与自然共同创造的璀璨历史文化，这也是本书作者的初衷和最迫切的期望。

一

千年奇缘　山民之选

浙江仙居杨梅栽培系统

　　浙江省台州市仙居县地处崇山峻岭之中，境内重峦叠嶂、千峰迥翠、山清水秀、景色绮丽。仙居母亲河永安溪宛如一条碧绿的丝带逶迤流淌，自东向西穿越整个仙居。风景秀丽的括苍山脉绵延在县境东南，仙居东部以界岭为界与台州市临海接壤，西部地区隔苍岭与革命老区丽水市缙云相邻，北部与台州市天台、金华市东阳为分界，南部和台州市黄岩、温州市永嘉相毗连。

　　仙居县是中国"国家公园"试点县，全县县域面积约1 992平方公里，下辖3个街道、7个镇、10个乡、311个行政村。其中丘陵山地（1 612平方公里）占全县面积80.6%，海拔1 000米以上的山峰有109座，主要河流包括全长116公里的永安溪及其四大支流，素有"八山一水一分田"之说。明代儒生张堂赏曾经夸赞仙居："东邻海乔其赤城之霞标，西界仙都分阳谷之丹气，为仙子之宅第。"

　　仙居县（经纬度：120.73°E，28.87°N）距离海岸线直线距离不到100公里，地处温润的亚热带季风气候，降水量比较充沛，多年

流纹质火山岩地貌

　　流纹质火山岩地貌是流纹质火山岩所在地区经过长达数万年甚至更久的时间，经历风吹雨打等自然侵蚀而形成的独特地貌。

　　流纹质火山岩是一种火成岩，是火山的酸性喷出岩浆冷却形成的岩石，其化学成分与花岗岩相同，由于形成时冷却速度较快使矿物来不及结晶，二氧化硅含量大于69%。由于流纹质火山岩的化学成分很像花岗岩，因而特别坚固。只有山体表面受到侵蚀崩塌作用下，处在高海拔的山顶型锐峰，会不断收缩以至于消失，山体变化不大，故而显得奇秀雄壮。

　　仙居县大多数地区都是流纹质火山岩地貌，地质独特，风物别致，尤其以神仙居景区最为典型，群峰并峙、风景秀丽，引人入胜。

降水量的均值为2 000毫米左右。气候比较温和，多年平均气温均在18.3℃，最冷月（1月）平均气温为5.6℃，最热月（7月）平均气温28.5℃，全年无霜期240天左右。仙居地区酸碱度适中且肥沃的江南丘陵红土地，为各种植物的生长提供了可靠的保障。境内世界上规模最大的流纹质火山岩地貌历经风雨侵蚀转化成奇石嶙峋的崇山峻岭，形成了别具一格的地区小气候。得天独厚的自然生态环境和山水灵气，共同孕育了品质卓越的仙居杨梅。仙居人食梅、种梅，经过世世代代的不断努力和完善，最终形成了古杨梅群复合种养系统。

（一）四方仙山　育万年仙民

任何一种农业技术的产生和发展都不是无根之木、无源之水，仙居古杨梅群复合种养系统能够在仙居地区产生、发展和完善，一

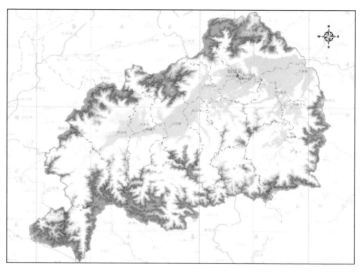

仙居古杨梅群复合种养系统遗产地地形地势图（仙居县政府／提供）

方面主要得益于仙居本地得天独厚的自然地理环境，另一方面得益于仙居地区悠久的农业发展历史。根据现有考古发现证明，仙居地区漫长悠久的农业发展历史，从约1万年前的下汤文化开始。

1. 万年下汤　源远流长

仙居山水，钟灵毓秀。肥沃的土壤，湿润的气候，不仅能够满足先民完成原始的采集渔猎，也能够保证耕作农业生产的顺利进行。仙居县横溪镇下汤村下汤遗址的发现，有力地证明了约在1万年前，先民已经在仙居地区从事农业生产活动。

仙居境内分布的诸多山溪，是孕育与滋养当地文明、文化的源泉。以永安溪为首的仙居水系甘甜佳美、水质清冽，不仅供应仙居人的全部生活与生产用水，还曾缔造了发达的水运文化。由于永安溪上游通达仙居腹地，中游则与陆上"台括孔道"的起点皤滩古镇交汇，下游出仙居汇入灵江与海运相接，所以永安溪一度是仙居的"黄金水道"。在永安溪水运最繁盛之时，溪上满载食盐、杨梅等物

流纹质火山岩地貌（蔡全／摄）

产的船只攒簇密集、往来不绝，诗载："白帆如云云盖溪，竹排相接密如堤。""好山"才有"好水"，"山清"才能"水秀"，仙居人将维系自己生命线的山溪视为珍宝的同时，对钟灵毓秀、层峦叠翠的杨梅山林也更加热爱了。

仙居下汤遗址发现于1984年全国文物普查期间，当时仙居县文保员张金苗在下汤村俗称"汤墩"的一片台地上发现了这一遗址。下汤遗址出土了磨制石器、陶片、石斧、石凿、石镞、石簪等各种器物。下汤石器时代文化遗址的发现具有十分重要的历史意义。它是台州市乃至整个浙江省东南部地区发现的，规模最大、保存最为完整、时代最早、文化遗存内涵最为丰富的一处早期人类居住遗址。出土的器物造型精美、色彩鲜艳、工艺精湛。其中，石磨盘、石磨棒、石磨球、环形砍砸器、流星索和三角形两端出刃石均为浙江省首次发现，在全国乃至世界范围内也属罕见。1989年12月12日，浙江省人民政府正式批准下汤新石器文化遗址为省级重点文物保护单位。

下汤遗址的出土代表着以下汤人为代表的仙居原住居民已经能够在靠近河流的山前台地平原上定居。他们以农业经济为主，狩猎、采集为辅，并发展了纺织、制陶和捕捞业，以下汤文化为代表的仙居新石器时代文化，既受浙江省其他文化类型的影响，又具有浓厚的古东瓯文化特色。这座新石器时代村落遗址，是仙居文明的发祥地。它充分显示了仙居地区古文化的灿烂和辉煌，为探索和研究仙居先民的活动和原始文化提供了重要的线索。浙江是杨梅的原产地和栽培起源地之一，据浙江金华市浦江上山文化遗址的考古证据显示，早在距今1万多年前，浙江先民就开始采摘野生杨梅来果腹充饥。到距今7 000年前，位于浙江宁波市的河姆渡先民同样被杨梅这种珍果所吸引，现有考古证据表明这一地区有杨梅科植物的花粉遗存，这表明当时河姆渡人的居住区已经有野生杨梅或者是种植了古杨梅。自此，仙居人就与杨梅结下了长达万年之久的不解之缘。

仙居下汤遗址简介（仙居县政府／提供）

2. 千年古邑 名动四方

仙居历史悠久，文化绵长。自北宋真宗赵恒（公元968—1022年）以其"洞天名山，屏蔽周卫，而多神仙之宅"下诏改永安为"仙居"算起，"仙居"这一称谓已有1 000多年的历史。若以东晋穆帝永和三年（公元347年）仙居地区单独设立乐安县计算，仙居立县已有近1 700年的历史，可以称得上是名副其实的千年古邑。早在仙居建立郡县之前，仙居地区已经有先民的聚落和族群出现。6 000多年前，仙居母亲河永安溪中下游的河谷平原上，就已聚居着仙居人的祖先——瓯越族人，他们在这里采集渔猎、繁衍后代。夏启结束禅让制建立夏朝以后，仙居属于当时的东瓯地（现在温州地区）。仙居境内的韦羌山（天姥山）怪石嶙峋，一经风雨便使得日月藏辉，

韦羌山蝌蚪文

　　韦羌山蝌蚪文位于仙居县淡竹乡一个高约 128 米的陡峭石壁上，这些日纹、虫纹和蝌蚪文呈人工雕刻的痕迹。当地人世代相传这是大禹治水时留下的记录，部分考古专家认为这些蝌蚪文是一种象形文字，文字的具体含义现在还不能考证。

　　早在东晋年间就有人发现了这些文字，但是他们绞尽脑汁也不能对这些文字一一释义。这些镌刻于千仞绝壁上的蝌蚪文吸引了无数人的眼球。东晋义熙（公元 405—418 年）年间，周姓廷尉差遣能工巧匠建造云梯用蜡临摹蝌蚪文，但是寻饱学之士却不能够辨识这些蝌蚪文，即仙居县志所载"造飞梯以蜡摹之，然莫识其义"。后来的郡守阮录也曾带人前去观看。

　　北宋理学家、"海滨四先生"之首的陈襄担任仙居县令时亦曾经带着一众好友去参观。但是因为山路陡峭难行，加上当时云雨交加视野受限，没有机会一睹蝌蚪文真容，无奈之下悻悻而归。陈襄因为没能够看到蝌蚪文而耿耿于怀，特意吟诗一首道出自己的遗憾。诗曰："去年曾览韦羌图，云有仙人古篆书。千尺石岩无路到，不知蝌蚪字何如。盘盘映气四迁余，定有神仙此地居。天下正求伊与吕，如何不见起耕渔。天鞠精灵久贮储，中间豪杰出无虚。乡民世世家居此，争使儿孙不读书。峭壁回环几百区，其间岩石可耕锄。如何得片山如此，白首相将老母居，古意巑岏与世疏，一官羁绊可归欤？此山未及西山好，下有仙人结草庐，四友之贤世莫知，门头终作一乡居。此山不惜将饯买，叹息无内共结庐。"

　　云雾浓厚之时便显得虚无浩渺。这里保留着据说是夏禹治水时留在崖壁上的夏代蝌蚪文。商汤率领方国在鸣条之战灭掉夏朝以后，仙居划归越地。周武王姬发在牧野之战攻灭商朝以后，仙居归属于於越地区。春秋战国时，仙居先后成为越国和楚国的领土。

仙居作为古瓯地，越地的属地，文化上保留了某些山地农耕民族的色彩，我国少数民族之一的畲族，在仙居地区仍有分布。浙江大学历史系徐规教授的研究指出"畲族"的名称最早出现在南宋中后期，当时的文人刘克庄在《漳州论畲》中说道："畲民不悦（役），畲田不税，

仙居蝌蚪文（朱岳峦／摄）

其来久矣。"意思是说，当时畲族不服役，不缴纳税收，是很早以前的事情。南宋末年的政治家、文学家、爱国诗人文天祥在《知潮州寺丞洪公行状》里面说潮州和漳州接壤，民风剽悍，时常会出现因为物资缺乏而下山劫掠的情况。现今仙居境内的畲族同胞生活富足，完全没有了史籍当中记载的剽悍之风。每年仙居春茶开采仪式举行后，安岭乡的畲族姑娘都会盛装忙碌穿梭于茶园，采摘仙居茶叶的嫩芽制取春茶。

秦统一全国后，仙居归属闽中郡鄞县回浦乡。汉武帝时期属于会稽郡，汉昭帝始元二年（公元前87年）属于回浦县，东汉光武帝时期属于章安县（今台州地区），汉献帝时期叫始平县。东汉时，仙居是国内高僧名道涉足之地，兴平元年（公元194年）建造的"石头禅院"（即石牛"大兴寺"），与举世闻名的洛阳白马寺建造时期相比也就晚了百余年。仙居三国时期属于吴地，名曰赤城县。西晋短暂统一以后得名始丰县。东晋穆帝永和三年（公元347年），仙居立县，名乐安。隋文帝时期属于临海县辖区，唐朝高祖时期叫乐安县，隋、唐间几经废置，至五代吴越宝正五年（公元930年），改名永安。宋时，仙居是国内著名的宗教圣地之一。北宋景德四年（公元1007年），宋真宗下诏改今名，一直沿用到今天。元代属于台州路，明清沿用仙居县名。

仙居获赐县名的民间传说

　　根据光绪年间仙居县志的记载，北宋真宗赵恒在位时期西谷垟村（现属城关镇）有位乡民名叫王温，他平日里济危救贫、乐善好施，被乡邻称为善人。某日，两个患有麻疯病的陌生人路过他的家门。王温见他们二人皮肤剥落，面部表情痛苦万分，怜悯同情之心油然而生。上前问道二人："我有没有什么可以帮助二位的？"两位病人异口同声地说："您家里如果有新酿好的酒，可以提供一些给我们。我们用酒做药引，浸泡洗澡以后就会痊愈。"

　　王温听闻二人的要求感觉很诧异，但还是将家中刚酿好的杨梅酒搬出来了几缸，请他们到酒缸之中进行药浴。一夜药浴之后二人不仅病症痊愈，皮肤还变得光泽如常，隐隐有返老还童的迹象，变成了风度翩翩的美少年。二人离去以后酒缸中发出阵阵沁人心脾的异香，王温看到二人药浴后的杨梅酒醇澈异常，心中好奇就取来品尝，果然十分美味。于是喜出望外叫来家人共饮美酒，顷刻，王温一家连同院落一起升到天上，成为了仙人。

表1　仙居历史沿革略表（本表根据光绪年间仙居县志整理）

历史时期	属地和县名
夏	扬州，瓯地
商	越地
西周	於越
春秋	瓯地，属越国
战国	东越地，属楚国
秦	属闽中郡

（续）

历史时期	属地和县名
西汉	汉武帝时属会稽郡 汉昭帝时属回浦县
东汉	光武帝时属章安县 汉献帝时属始丰县
三国	属吴国临海郡
西晋	属始丰县
东晋	穆帝永和三年设立乐安县
南朝宋	属临海郡
南朝齐	属临海郡
南朝梁	属赤城郡
南朝陈	属章安郡
隋	隋文帝时属临海县
唐	唐高祖时复置乐安县 唐太宗时属始丰县
五代	属永安县
北宋	真宗景德四年（公元 1008 年）改名仙居县
南宋	仙居县
元	仙居县
明	仙居县
清	仙居县
中华民国	仙居县
新中国成立后	仙居县

仙居能够声名显赫，天姥山的奇幻风景功不可没。天姥山又称韦羌山，位于仙居神仙居景区的核心区，是国家级风景名胜区，国家5A级景区。神奇的流纹质火山岩地貌配合湿润多雨的亚热带季风气候，构成了天姥山令人叹为观止的自然风光。诗仙李白的千古名篇《梦游天姥吟留别》一诗，吟诵的就是天姥山所在神仙居的奇幻美景。李白诗中描绘的"霓为衣兮风为马，云之君兮纷纷而来下。虎鼓瑟兮鸾回车，仙之人兮列如麻"等大量神幻景象，至今都能在神仙居景区一一找到对应，无不令游客惊叹。神仙居地质构造独特，是世界上最大的流纹质火山岩地貌集群，一石一峰、一山一崖、一水一洞，都能自成一格，形成"观音、如来、天姥峰、云海、飞瀑、蝌蚪文"六大奇观。神仙居景区分南海、北海两块，"西罨慈帆""画屏烟云""佛海梵音""千崖滴翠""犁冲夕照""风摇春浪""天书蝌蚪""淡竹听泉"被称为神仙居新八大景。景区南北两侧，为江南峡谷风光，林泉相依，以岩奇、瀑雄、谷幽、洞密、水清、雾美取胜，千峰林立，颇似张家界，而气象恢宏过之。游客一般自北海坐索道而上，自南天索道下来，数公里的旅程均在数百米高的栈道之上。依次穿过菩提道、般若道、因缘道、观音道、飞鹰道与无为道这六条道上，既可悟得人生哲理，又可听见鸟鸣啾啾，欣赏云海飞雾，如置身画卷之中，令人神清气爽，忘却浊世之忧。山上留有清朝乾隆年间县令何树萼题"烟霞第一城"，意云蒸霞蔚之仙居，景色秀美，天下第一。

尽管关于天姥山具体位置争议颇多，但是如果结合《梦游天姥吟留别》诗中关于天姥山山势、地理位置、风景的描写以及李白本人的生活履历，就可以确定诗中所言"天姥山"就是今日的神仙居天姥山。

现存争议较多的是新昌县天姥山和仙居县天姥山到底哪一个是李白诗中的天姥山。根据《新昌县志》记载："天姥山，在县南十五里方山乡，林木蓊郁苍翠，剡之南望地。"《仙居县志》与《临海县志》记载："茫茫韦羌山，中心位于仙居县淡竹乡境内，又名天姥山，传为仙人天姥所居。"从县志和李白的诗歌可以知道，天姥神仙传说自古名扬，但新昌的天姥山"山多枫树，一名枫树岭"，高只有七百多米，并非名山胜迹。而仙居县天姥山位于道家名山括苍山，名声在外，唐代以前仙居山水即在文人口中有较高的声誉，大禹时期的蝌蚪文早在晋朝就见于文献，世人皆视为神迹广为流传，唐时更闻名朝野，当然也传到一生好游名山的诗仙李白的耳里。仙居地貌以火山流纹岩为主，处处是火山平台，草树丛生，树谷深幽，阳光初照，金光万道；夜晚银光闪耀，与诗中"青冥浩荡不见底，日月照耀金银台"的描写相符，而新昌的天姥山地势低矮，不存在不见底的情况，日月照耀之下也不会让人有金银台的感觉。

　　李白的忘年交司马承祯在天台山清修，李白自然就对天台山比较熟悉。新昌的天姥山山不高、岭不峻，与仙居的青尖山相比都还有相当的距离，很难让李白产生这样的联想。而仙居神仙居一带是

古香古色的神仙居景区入口（陈雪音／摄）

括苍山脉第二高峰大青岗的余脉，山高峰险，云海飞瀑，大部分山冈海拔都在1 000米以上，高且雄奇，无论是实际海拔还是视觉冲击上，都会让李白产生仙居天姥山比大台山更高的形象，故有"天台四万八千丈，对此欲倒东南倾"的描述。唐朝时司马承祯是道教上清派茅山宗第十二代宗师，李白如果将一个小山同司马承祯清修的天台山相提并论，就算司马承祯本人不提意见，其他道教人士恐怕也未必会认同。

梦游天姥吟留别
唐·李白

海客谈瀛洲，烟涛微茫信难求；越人语天姥，云霞明灭或可睹。
天姥连天向天横，势拔五岳掩赤城。天台四万八千丈，对此欲倒东南倾。
我欲因之梦吴越，一夜飞度镜湖月。湖月照我影，送我至剡溪。
谢公宿处今尚在，渌水荡漾清猿啼。脚著谢公屐，身登青云梯。
半壁见海日，空中闻天鸡。千岩万转路不定，迷花倚石忽已暝。
熊咆龙吟殷岩泉，栗深林兮惊层巅。云青青兮欲雨，水澹澹兮生烟。
列缺霹雳，丘峦崩摧。洞天石扉，訇然中开。
青冥浩荡不见底，日月照耀金银台。
霓为衣兮风为马，云之君兮纷纷而来下。
虎鼓瑟兮鸾回车，仙之人兮列如麻。忽魂悸以魄动，恍惊起而长嗟。
惟觉时之枕席，失向来之烟霞。世间行乐亦如此，古来万事东流水。
别君去兮何时还？且放白鹿青崖间。须行即骑访名山。
安能摧眉折腰事权贵，使我不得开心颜！

3. 人杰地灵 文川武乡

一方水土养一方人。仙居好山好水好地方，自然也是文人墨客、英杰才俊辈出的地方。隋唐开设科举取士的制度以后，仙居人才辈出。根据光绪年间仙居县志的记载进行统计，从唐

水利部评选出的"中国最美家乡河"：永安溪
（仙居县政府/提供）

代到清代约1 300年的时间，仙居总计有245位学子考中进士。大概每五年就有一人在科举考试中榜上有名，足见仙居地区文教的发达，文风之盛，令人仰慕。

这两百多名进士中有不少的知名人士，为仙居的历史增光添彩。唐武宗会昌四年（公元844年）台州府乐安县学子项斯考中进士，成为台州、仙居地区的进士第一人。项斯在考中进士之前就在首都长安游学，因获得了当时国子祭酒（唐代最高学府的校长）杨敬之的赏识和称赞而声名鹊起。很短一段时间内，项斯就成为当时的诗界红人，他的作品在长安城广为流传，成语"逢人说项"的典故就是由此而来。

赠项斯

唐·杨敬之

几度见诗诗总好，及观标格过于诗。

平生不解藏人善，到处逢人说项斯。

南宋高宗时期吴芾曾任临安府知府（首都的知府），他持身端正、品格高尚，当时的奸相秦桧未秉国政之前曾与吴芾有旧交，秦

朱熹手书"鼎山堂"匾额
（仙居县政府／提供）

桧当权后吴芾果断断绝了与他的联系，并上书劝谏宋高宗要励精图治，恢复旧河山。

宋恭帝赵㬎时期的左丞相吴坚，受命于危难之际，代朝廷出使元军大营，后病死在大都。明代嘉靖年间的吴时来刻苦好学，第一次考取进士失败以后，曾在景星岩古刹苦读三年不下山，厚积薄发，最终考取进士。他为官刚直不阿、正气凛然。当时的内阁首辅严嵩权势如日中天，党羽门徒遍及天下，吴时来任刑部给事中时弹劾兵部尚书许纶、宣大总督杨顺等严嵩党羽，又将斗争的矛头指向严嵩本人，随后他被严嵩罗织罪名贬谪到广西横县。隆庆帝即位后他得以诏还京师，仍旧保持了铁面无私的作风，敢于同违法乱纪的官员作斗争。万历年间的监察御史应朝卿施政有方，百姓休养生息、安居乐业，任内得到百姓的颂扬。同时，应朝卿还是选拔人才于微末之际的伯乐，明末的礼部尚书贺逢圣和辽东经略熊廷弼就是经他选拔推荐的。此外南宋时期世界上第一部食用菌专著《菌谱》的作者陈仁玉、元代大书画家柯九思等都是仙居先贤。

仙居的文教之盛也体现在书院之盛。历史上著名的桐江书院就是其中的代表，该书院系宋乾道（公元1165—1172年）方斫所建，以其祖先方英是桐庐人因名桐江。桐江书院位于今台州皤滩乡山下村与板桥村之间。据史料记载，鼎盛时期的桐江书院溪水萦回，烟柳叠翠，确是钟灵毓秀的读书修身之所。方斫"卓然屹立于众醉独醒之中"，有"东南学者表正之师"之誉。桐江书院创办后，精英荟萃，"四方之学士文人，负笈从游者尝踵相接"。朱熹亲笔题写"鼎山堂"和"桐江书院"匾额相赠，成为学院的标志性象征。

在当时，桐江书院的创办，不但促进当地的科举发展，而且培养了众多带有仙居风骨的大家，更加宝贵的是依托桐江书院为载体，方斫礼贤下士，着意结纳，朱熹、吴芾、王十朋、陈庸等名士都与方斫相往来，进而演化为一个相对固定的桐江学术圈，彼此切磋，相互唱和，一时风头无两。

淳熙八年（公元1181年），朱熹提举浙东茶盐公事兼主管台州崇道观，慕名遣子从学于桐江书院，并手书"桐江书院""鼎山堂"两匾。绍兴二十七年（公元1157年），王十朋以宋高宗赵构御笔亲批"经学淹通，议论醇正，可作第一人"独居鳌头，摘得状元。绍兴三十一年（公元1161年），王十朋上书高宗请求出兵抗金，力荐张浚、刘锜（公元1098—1162年）等领兵北伐，高宗表示嘉许。后因主和派的压力，无奈请求下野，高宗最后让其主管台州崇道观。清光绪年间《板桥方氏宗谱》还收录一首据传为朱熹的《送子入板桥桐江书院勉学诗》。

送子入板桥桐江书院勉学诗

南宋·朱熹

当年韩愈送阿符，城南灯火秋凉初。

我今送子桐江上，柳条拂水春生鱼。

汝若问儒风，云窗雪案深工夫。

汝若问农事，晓烟晨露劳耕锄。

阿爹望汝耀门闾，勉旃勉旃勤读书。

按《板桥方氏宗谱》载，王十朋也曾手书"东南道学世家""理学明宗"两块匾额。桐江书院后屡遭兵火，但儒学在仙居长盛不衰，桐江书院的学子皆以"达则兼济天下，穷则独善其身"而自许，或忠君爱民或耕读乡里。元朝皇庆中期，方家后人方志道重建桐江书院，以弘扬先祖办学之家风。今在距山下村南面蟹坑岭上留有方志道的摩崖石刻诗，楷书阴刻，诗曰："绿林锁雾气潜消，铁骑追风将独豪。端要摅忠期报捷，不须怀古事登高。右客湖广方兰亭寄兄桐

庐九日怀古，时至元丁丑秋望，摩崖叶纯。"字迹雄浑潇洒，几多隐逸和洒脱之情，七百载之后读之，犹令人感佩。

桐江书院对于后世学子而言，更多的是一种精神上的寄托。无数文人雅士，不顾山高水远，怀着朝圣之情来踏访已经是残垣断壁的桐江书院，登高怀远，追慕桐江书院曾经的辉煌。此后历代政权更迭，天灾人祸，书院屡建屡废，只有周围连绵的青山依旧。清代儒生林孙枝作《桐江书院遗瓦歌为谷音方丈赋》，感怀乾隆辛亥年（公元1791年）当地农民锄田得到一片明嘉靖年间书院遗瓦。历代歌咏诗词不少，清乾隆年间张龙圻的《鉴湖映月》书写了寻访桐江书院遗址时的情景："满目玻璃夜静时，天心水面两相宜。菱花看向波中落，桂影才从镜里移。鹊结柳梢惊寒蝉，鱼潜萍毯畏垂丝。当年奇迹任人在，景仰先生百世师。"清朝同治九年（公元1870年），候选知县方松亭在其废墟上重建书院。民国期间书院曾改为祠堂，新中国成立后此处又成为当地小学之所在。"文化大革命"又使书院再遭浩劫，朱熹手书的"鼎山堂"匾额被当地乡民偷藏至湫山乡方宅村才得以幸存，王十朋手书"东南道学世家""理学明宗"两匾则遗憾被毁，书院柱上的对联有的被凿空，有的抹上石灰方得以保存。今日的桐江书院，苍山依旧，古树依然，每到春天，书院前面满是金黄灿烂的油菜花，仿佛还能听见朗朗的读书声。

（二）从结缘杨梅到与梅相伴

古时杨梅别名甚多，五花八门，且容易与不同物种混淆。古代学者称之为"机子""朱梅""树梅"，还有"白蒂梅""子红""君子果""朱红"等名字，民间普通百姓则管它为叫"龙睛""金丹""仙人果"。据清代康熙年间的礼部侍郎汪灏修订的《御定佩文斋齐广群芳谱》所载："杨梅，一名朹子，生江南岭南山谷间。"此外，明代医学家、植物学家李时珍编著的《本草纲目》也有记载："朹子音求，时珍曰其形如水杨子而味似梅，故名，段氏《北户录》名朹子。"但据《康熙辞典》所载可得，"朹"指的是《尔雅·释木》所载的朹檕梅。《尔雅注》中也是这样介绍朹檕梅："朹树状似梅，子如指头，色赤似小柰，可食。"而《本草补遗》中却说朹子、山楂是同一物。据《本草纲目》与《尔雅注》所描述的朹子可知，二者都比较像梅子，前者是味道像水梅子，后者形色与梅相似。由此可见，《广群芳谱》《本草纲目》与《尔雅注》《本草补遗》中所说的朹子乃同名异物也。杨梅在史著中层叠出现，西汉古文经学大师刘歆编著、东晋著名道士葛洪辑抄的《西京杂记》、北宋初年名医刘翰编著的《开宝本草》（公元973年）、北宋名僧赞宁（一说为唐宋八大家之一的苏轼）编著的《物类相感志》（公元1100年）、南宋吴怿的《种艺必用》（公元12世纪）、明代科学家徐光启的《农政全书》（公元1639年）、清代陈扶摇的《花镜》（公元1688年）、汪灏等的《广群芳谱》（公元1708年）、鄂尔泰等编著的《授时通考》（公元1742年）都对杨梅都有不同程度的记载与描述。

仙居人与杨梅结下不解之缘，则是从仙居先民在采集渔猎获取食物的过程中发现杨梅的食用、药用价值开始的。

1. 仙果天赐 仙民先食

中国是世界上杨梅的原产地和栽培起源地之一，所产杨梅与世界上其他地区相比，无论是数量还是质量都更胜一筹。仙居是中国杨梅产量最高和质量最好的地区，故而有"世界杨梅看中国，中国杨梅看浙江，浙江杨梅看仙居"的说法。英国生物学家、进化论的奠基人查尔斯·罗伯特·达尔文（Charles Robert Darwin）在他1868年出版的著作《动物和植物在家养下的变异》一书中，曾指出："各地未开化的居民从许多艰苦的试验中找出什么植物是有用的，或者通过各种不同的调查手段使它们成为有用的。这样，他们不久就会在住所附近种植它们，这便在栽培中走了第一步。"仙居地区能够形成以杨梅为核心的古杨梅群复合种养系统，得益于仙居独特的水土条件、物质资源与先民千百年来的智慧结晶。仙居地区能够有超1 700年的杨梅种植历史，跟仙居先民发现杨梅的食用价值、采集食用杨梅是密不可分的。

据浙江金华市浦江上山文化遗址的考古证据显示，早在距今1万多年前，浙江先民就开始采摘野生杨梅来果腹充饥。今天通过考古浮选法对浙江余姚河姆渡遗址的遗存进行分析，发现了杨梅花粉的遗存，说明很可能7 000年前河姆渡先民同样被杨梅这种珍果所吸引，并在住址附近种植尚未完全驯化的野生杨梅。上山文化遗址和下汤文化遗址分属"台州人民的母亲河"灵江的上下游地区，这样看来仙居先民把杨梅纳入自己的食谱也就顺理成章了。

从采摘野生杨梅到人工驯化杨梅，再到培育优秀杨梅品种，历时漫长。仙居自古就是层峦叠翠、青山秀水的妙地，雨热同期，光照充足。流纹质火山岩地貌、高比例的森林覆盖率加上充足的雨热条件，形成了土质疏松、腐殖质充足的酸性沙砾土、沙黏土，为杨梅的生长提供了天时地利。

生长期的仙居杨梅（仙居县政府／提供）

仙居先民有意识地去栽培这种鲜美的果子，经过祖祖辈辈的薪火相传，到了西汉时期人工种植的杨梅开始以文字形式出现在历史文献中。

司马迁在《史记·司马相如列传》中有《上林赋》一文，这篇辞藻优美的长赋对皇家上林苑极尽溢美之词，夸赞汉武帝上林苑中的湖泊山川、草木水产、飞禽走兽、瓜果树木等。赋有"樗枣杨梅，樱桃蒲陶，隐夫薁棣，荅遝离支，罗乎后宫，列乎北园"的记载，可见西汉时期杨梅作为珍果之一被皇族移栽到京畿长安。无独有偶，杨梅种子、果实，甚至果核等，还被作为殉葬品进入了湖南长沙市郊马王堆西汉古墓和广西壮族自治区贵港市罗泊湾的西汉古墓中。西汉初年的政治家、著名的外交能臣陆贾曾两次出使南越，他的作品《南越行记》中记有"罗浮山顶有湖，杨梅、山桃绕其际"，可见在当时的上层人士中杨梅这种水果属于宠儿级别的水果。

仙居杨梅虽然是越地杨梅的佼佼者，但是仙居在汉代仍处于经济落后的"偏乡僻壤"，纵有良种鲜果，囿于未能得到文人骚客的品尝，没有机会能够闻达于天下。然而酒香不怕巷子深。品质优良的仙居杨梅有了更多的机会被官宦贵族、文人墨客所知晓以后，迅速名声大噪。

2. 神龙赠果 仙梅扬名

仙居杨梅从东晋开始声名初显。仙居从东晋开始单独设县，根据仙居当地族谱记载："东晋县令徐履之奔赴乐安县上任的途中，'山中巧遇黑龙，满垅杨梅发乌'，看见黑龙经过的地方一排排的杨梅变成了黑色。"虽然族谱中的记载充满了神话色彩，但是可以确定的是，仙居当时的杨梅种植业已经颇具规模，人们将祥瑞之物黑龙与杨梅联系在一起可见当时杨梅在当地人心目中地位颇高。时至今日，仙居杨梅品种中的黑梅仍是一种非常具有本地特色的杨梅，可见族谱中的神话故事也不尽是无中生有。

发乌的杨梅（仙居县政府／提供）

南朝梁（公元502—557年）沈约编著的《宋书·徐羡之传》曾记载："徐羡之随从兄履之为临海乐安县，尝行经山中，见黑龙长丈余，头有角，前两足皆具，无后足，曳尾而行。"徐羡之曾是南朝宋的南平郡公、尚书仆射，长期活跃于政坛，《宋书》记载的徐羡之山遇黑龙和仙居族谱记载的徐履之赴任乐安县令时山遇黑龙互相验证。仙居杨梅由此名声初显。

隋唐大统一后社会经济迎来进一步的发展，南北互通有无使得仙居杨梅更为人知。仙居乡民并未满足山林的风土自孕，在仙居本地良好的杨梅生产基础上积极主动地进行杨梅栽培和人工选育。据光绪《仙居县志》的相关记载，为了扩大杨梅种植规模和选育优质杨梅，最迟从唐朝开始，仙居人就已经开始规模化的人工选育和栽培杨梅。这一时期杨梅口味和产量的提升，让它在果品中逐步脱颖而出，并受到不少文人雅士的追捧，唐朝平可正作《杨梅》诗曰："五月杨梅已满林，初疑一颗价千金。"杜甫更是赞道："落落出群非榉柳，青青不朽岂杨梅。"隋唐时期，仙居县域的第一所道观万寿宫于屏风岩山顶落成，观旁就分布着数棵古杨梅树，在当时的道家看来，杨梅很符合道家之韵，所以才在梅林旁建观，有"杨梅守观"

航拍仙居杨梅群俯视图（仙居县政府／提供）

之意，十分应景和谐。可能正是沾染了道家之神韵，万寿宫旁有株古杨梅树一直存活至今，该杨梅树盘踞郁勃、横枝拂地，根如积铁、叶如剪桐，被喻为仙居乃至中国的"杨梅树王"。

宋代以后南方社会经济进一步发展，农学的发展使得嫁接技术得到大范围、多物种的推广。南宋嘉定年间（公元1208—1224年）仙居地区的地方志《嘉定赤城志》描述杨梅时不仅引用了成书更早的《临海异物志》中关于杨梅的记载，还增加文字夸赞仙居杨梅说："近岁土人所植，多大而甘。"从"多、大、甘"这三个字可以说明当时种植杨梅的技术已经相当成熟，杨梅不仅产量丰富，而且果实硕大甘甜。宋承唐韵，仙居杨梅声名更加远扬。此时在天下杨梅中，隐隐有了以仙居杨梅为魁首的态势。

南宋时期主管台州崇道观的诗人、学者王铚评价仙居杨梅说："会稽杨梅雄天下，越山杨梅最珍美。"两宋之际的爱国诗人王以宁在《满庭芳·山耸方壶》同样称赞仙居杨梅："一种天香胜味。"而在仙居杨梅的诸多"粉丝"之中，知名度最高的要数苏轼，早在他贬谪广东的时候，就曾折服于荔枝的美味，并作出流传千载的名句："日啖荔枝三百颗，不辞长作岭南人。"但少有人知的是，当他后来移知杭州的时候，才发现原来杨梅的甘甜美味要胜于荔枝，所以他立马"见异思迁"改口道："闽广荔枝，西凉葡萄，未若吴越杨梅。"南宋著名爱国诗人陆游诗云："绿荫翳翳连山市，丹实累累照路隅。未爱满盘堆火齐，先惊探颔得骊珠。斜插宝髻看游舫，细织筠笼入上都。醉里自矜豪气在，欲乘风露摘千珠。"生动地描绘了古越之地杨梅丰熟之时的迷人景象，以及杨梅远销都城临安并被城中居民视作珍馐的史实。

3. 得天独厚　享誉寰宇

进入明清时期，杨梅种植得到进一步发展。明代王象晋《群芳谱》载："杨梅，会稽产者为天下冠。"明朝嘉靖年间的内阁首辅徐阶曾作诗说："折来鹤顶红犹湿，剜破龙睛血未干。若使太真知此味，荔枝焉得到长安？"当地更是流传着"仙山仙水蕴仙果，仙梅仙酒醉仙客"的美妙对联。这些历代诗词歌赋所展现的，一方面是对杨梅美味可口的歌颂；另一方面也体现了杨梅作为仙居特色水果，得到了诸多文豪的青睐。

从明万历至清光绪各个时期的《仙居县志》记载来看，均有"杨梅，苍岭坑最多，近三都扬所出味尤佳。别有白者，不多有"的详细记载。累世相传的杨梅种植技艺在明清时期臻于大成，形成了特色鲜明的几个品种。按照现代园艺学的杨梅分类方法，最迟到明清时期仙居杨梅群落至少包含了古杨梅、红杨梅、乌杨梅、白杨梅、粉红杨梅5大类型。现在仙居的野生杨梅主要分布在仙居县福应街道、横溪镇、官路镇、埠头镇、湫山乡的杨岸村和抱龙村等地。

鸦片战争开始到新中国成立之前，社会处于剧烈的动荡和变革之中，久负盛名的仙居杨梅因为国运的衰微也失去了让国人尝鲜的机会，只有仙居本地和附近地区的人能够品尝到仙居杨梅佳果。新中国成立以后，仙居杨梅的种植、生产、销售都迎来新的发展契机，现在的仙居杨梅采取在低山、低丘上发展早熟的杨梅品种，7月中下旬成熟上市，将仙居杨梅采收期拉长到两个多月。如今，仙居政府与浙江大学、上海农业科学院、浙江农业科学院等科学研究单位联合研发出最新的保鲜技术，在不使用任何保鲜剂的情况下，杨梅可保持10天以上色香味不变。

随着仙居杨梅品质的不断提高，随之而来的是连绵不断的各方的认可和荣誉称号。1994年，全国人大常委会原副委员长、著名科学家严济慈品尝仙居杨梅后，赞不绝口，欣然题写了"仙梅"二字。1999年，仙居杨梅在中国国际农业博览会被认证为名牌产品。2001年，仙居县被国家林业局命名为"中国杨梅之乡"。同年，"仙绿"牌仙居杨梅荣获中国农业博览会名牌产品称号并获得浙江国际农业博览会金奖。2002年，仙居杨梅通过绿色食品（A）级认证，获准使用绿色食品标志。2003年，被评为浙江省首届十大精品杨梅。2003年7月获得原产地保护标记注册证书。2003年6月，仙居10万亩杨梅绿色食品基地建设被国家科技部列入国家级星火项目。现在，仙居杨梅还被认证为国家地理标志产品。杨梅产业作为仙居最亮丽的风景线之一，得到仙居县委县政府的高度重视。当地政府将杨梅产业的发展，作为促进农户增收致富的桥梁和助力乡村振兴战略的重要抓手，相继部署实施了

五月杨梅初满林（仙居县政府／提供）

"万亩杨梅上高山""杨梅梯度栽培""百里杨梅长廊""杨梅品牌工程"等重点工程。

目前仙居杨梅产量已高居各大杨梅产区的榜首，是名副其实的"中国杨梅第一大县"。整个县域的杨梅种植面积高达13.8万亩，约占浙江省杨梅种植面积的1/9，占全国杨梅种植面积的1/13；仙居杨梅总产量达9万多吨，约占浙江省杨梅总产量的1/7，占全国杨梅总产量的1/14；仙居杨梅总产值达6.67亿元，约占浙江省杨梅总产值的1/6，占全国杨梅总产值的1/12。仙居现有杨梅专业合作社和专业协会400多家，杨梅果园观光旅游基地25个，并拥有两家以杨梅深加工为主业的省级农业龙头企业，年加工转化杨梅能力近4万吨，开发了杨梅干红、杨梅原汁、杨梅蜜饯等30多个系列产品。2018年，"仙居杨梅"品牌价值达18.13亿元，在农产品区域公用品牌杨梅类中排名全国第一。为了扩大杨梅销售的渠道，构建了物流平台，与顺丰速运开展了紧密合作，实现了全程冷链流通服务，做到省内24小时到达，全国48小时到达。2018年，顺丰快递杨梅达122万箱，同比增长20.79%，营业收入为5 100万元，同比增长19.86%。同时仙居杨梅还远销法国、俄罗斯等50多个国家和地区。

早在1993年，仙居民间就自发在杨梅开采的季节举办杨梅节庆祝杨梅丰收。自1998年开始，仙居县委县政府正式出面组织举办中国·仙居杨梅节，发展到2020年已经是第22届。仙居杨梅节的举办为漂泊海外打拼的仙居游子提供了寄托乡愁的载体，如今，每届仙居杨梅节都有很多国外的仙居游子不远万里、远渡重洋专门回来参加。一颗小小的杨梅果，是镌刻在仙居人骨子里的家乡记忆。

明朝古杨梅（仙居县政府／提供）

2015年10月，浙江仙居杨梅栽培系统被列入第三批中国重要农业文化遗产。以仙居县委县政府为主导，在南京农业大学、浙江大学、中国农业历史学会农业文化遗产分会、西北农林科技大学等高教科研单位的支持下，浙江仙居杨梅栽培系统现在已经成为全球重要农业文化遗产候选地。世界农业文化遗产基金会主席，被誉为"全球重要农业文化遗产之父"的帕尔维兹·库哈佛坎先生在2019年4月曾到访仙居考察了古杨梅群复合种养系统并给予高度评价，他给出了自己的建议并积极鼓励古杨梅群复合种养系统申报全球重要农业文化遗产。世界日益聚焦，仙居杨梅做到了真正意义上的享誉世界。

（三）世代相传终结"复合"硕果

中国传统农业耕作体系最为典型的特点之一就是系统性，仙居古杨梅群复合种养系统鲜明地体现了这一特点。仙居独特的流纹质火山岩地貌，搭配东晋以来仙居大规模种植杨梅的经验，科学且最大程度地利用区域内的光、热、水、土、肥等自然资源，在长期的劳动实践中巧妙合理地在不同高度的山地环境中配置杨梅、土蜂、茶树、仙居鸡等生物品种，有效地实现了农业生产的层次化、立体化。数千年的薪火相传，形成了今日独特的古杨梅群复合种养系统。

1. 梅蜂一体　系统初现

杨梅是花朵雌雄异株的双子叶植物，属于比较典型的小乔木，带有明显灌木类植物的特征。古杨梅群复合种养系统内外分布有很

遗产地梅林下的蜂桶 （冯培／摄）

多蜜源植物，这些植物依靠蜜蜂授粉，它们作为古杨梅系统所依托环境的一部分，增加了系统环境的生物多样性。蜜蜂是山地环境保持稳定性、生态性、多样性不可缺少的媒介。梅林放置蜂桶可以供仙居先民采割蜂蜜，味美质优的蜂蜜给仙居先民提供了多样的营养补充和经济来源。

《永嘉地记》中记载，早在魏晋南北朝时期，临近仙居的温州平原地区就已具备了"以蜜涂桶"诱引蜂群的技术，以保证农作物的有效授粉。仙居与温州相比，除了冬季均有花蕾绽放。相对于平原地区而言，仙居的山林环境更适合养蜂，技术难度也更小，应该较早掌握了养蜂技术。现今仙居县多数杨梅山上依旧生长着种类繁多、三季开花的各类草本、木本植物，比较典型的如十字花科、山茶科、五加科等都十分依赖中华土蜂授粉，这从侧面反映出仙居杨梅山养蜂的优越性和必要性。

梅林养蜂提升了杨梅种植的生产效率，杨梅种植面积的扩大有助于放养更多蜜蜂。长期的人工选择提升了中华土蜂的驯化程度，也让蜂群更好地契合仙居山林地带的各种自然变化。优质可靠的蜂群解决了杨梅种植地域面积大，域内植物系统、植物种类多，仙居先民管理时间少等问题，成为仙居杨梅种植、生产中不可或缺的一部分。仙居先民利用杨梅和中华土蜂之间的天然联系创造性地进行梅林养蜂，走出了杨梅种植系统化的第一步。

2. 茶入梅林　日臻完善

西晋张华《博物志》有"饮真茶，令人少眠"的记载，当时茶

遗产地梅林间茁壮的茶树（陈雪音／摄）

叶已经被用来提神醒脑。东晋陶弘景《杂录》中记载"茗茶轻身换骨"，指出饮茶有助于身体放松。《广陵耆老传》记载"晋元帝时，有老姥每旦独提一器茗，往市鬻之，市人竞买"，市人争相抢购可见当时茶叶的销售相当火爆。西晋以来茶叶逐渐成为日常用品，茶叶巨大的社会需求为茶树的种植提供了动力。早在汉代中国农业生产中就已经开始采用间作制，仙居先民受此启发巧妙地将间作制和杨梅种植结合在一起。

　　南宋时期著名农学家陈旉发现，不同根系深度的植物之间通过优势互补，可以提高农业生产的产出效率。早在陈旉提出这一种植理论以前，仙居先民已经将其利用在农业的实际生产中。他们在长期的农业实践中发现，杨梅与茶树的寿命都可以长达数百年，经济效益也比较高。杨梅属于浅根发达的乔木，茶树属于深根郁勃的灌木，两者在同一片土地上种植完美解决了水土流失和土壤透气性不

遗产地梅林间的油茶（张凤岐／摄）

足的问题。杨梅相对耐旱、耐瘠，同时自身能够固氮增氧、保水保肥，为茶树的生长提供更为优良的条件。

杨梅树高大蓬松，茶树相对低矮紧凑。在杨梅林中种植茶树，无疑是利用山地地形进行多元化、立体化高效生产的最佳选择。自古以来就有高山云雾出好茶的说法。茶树生长的过程中对环境中空气、土壤的湿度要求比较高，适宜的湿度才能将茶树芽叶的纤维素保持在一个比较低的标准，这种条件下茶树嫩枝才可以在较长的时间内保持鲜嫩而不易粗老。多云雾的地形可以很好地减少阳光直射，增加蓝紫光等散射光的来源，有利于茶叶形成高质量的氨基酸和茶叶芳香物质，同时抑制了给人以苦涩口感的茶多酚的形成。因此高山云雾茶的茶叶所含各种营养物质远超其他地区，自然品质就更胜一筹。

杨梅林引种茶树，实际上就是为茶树提供饱含云雾的自然条件。仙居是典型的山地地形，杨梅树似松柏一样四季常青。在杨梅林中栽种茶树，杨梅郁郁葱葱的树冠一方面会对阳光进行多层次的阻隔形成有利于茶树生长的散射光；另一方面这些树冠可以在暴雨时削减雨势、干旱时减少蒸发，通过改善梅林小气候创造有利于茶树生长的条件。杨梅开花、结果散发出来的花香、果香，在茶树的生长过程中会被吸收，提高了茶树所产茶叶的品质。相传北宋政治家、仙居乡贤吴芾就非常喜欢对着杨梅树喝茶。据《咸淳临安志》记载，茶与杨梅的羁绊还从生产端延伸到了消费端，宋朝时我国大小城市都有茶馆、茶座、茶坊，其中就有一种在普通"素茶"里放入杨梅肉的"杨梅茶"。今日大名鼎鼎的"仙居碧绿"，就是仙居先民在杨

梅树下培育而成。仙居民间口口相传"仙居碧绿"是当地先民向越
王勾践进贡的贡茶，此茶茶汤色泽翠绿、茶叶条索细秀，的确是难
得一见的好茶。

从梅林养蜂发展到种梅、养蜂、栽茶，以杨梅种植为核心的农
业生产不断系统化。杨梅种植不单为了采摘果实，它扮演着一个协
调多种农业生产同时进行的角色。以杨梅种植为核心兼容并包，构
建起了仙居人引以为傲的古杨梅群复合种养系统。

3. 世代努力　终成硕果

明清两代是仙居古杨梅群复合种养系统臻至成熟的阶段，这一
阶段仙居鸡成为仙居古杨梅群复合种养系统的组成部分，让这一系
统变得更为灵动。梅－茶－鸡－蜂的系统形成后，仙居的大片仙山
幽谷中，但见杨梅枝青、茶树叶翠，青翠相叠、错落有致，林下草
药繁茂，坡上山鸡穿梭跳跃，林间土蜂簇拥振翅。清代诗人朱光勋
描述道："竿竹青影随风舞，数亩茶荫傍雾栽。浮生碌碌真堪愧，顾
洒杨枝浣俗胎。"正是基于一套完善的种养系统，仙居出产的杨梅
落果期早、品质上佳，乃梅之上品、果之珍品，从明万历至清光绪
的各朝《仙居县志》均有载："杨梅，苍岭坑最多，近三都扬所出味
尤佳。"

据《中国养禽史》记载，仙居鸡为古代越鸡分布在浙东台州地
区的后代，而越鸡早在春秋时期就已有记载，由时任吴越王钱弘俶
迁居越州（今绍兴）后，为朝夕赏乐而饲养，之后越鸡便传至民间。
仙居所在的台州与绍兴互为临市，自古就交往甚密，所以越鸡传至
仙居应该年代较早。常年生活在杨梅林的仙居鸡灵动娇俏、产蛋力
强，明万历《仙居县志》载："鸡分黄、花、乌、白等色"，深受仙居
民众喜爱。

自由觅食的仙居鸡（张凤岐／摄）

仙居鸡是系统内最具活力的物种，具有捕虫和供肥等功能，是复合种养系统的"杀虫专家"和"肥料供应商"。由杨梅树、茶树、花草等搭建的自然空间，林木丛生、枝繁叶茂，是仙居鸡生活的"伊甸园"。仙居鸡可自由地活动于山林之间，林中饲料源丰富，包括青绿、青粗、矿物质、蛋白质（活虫）等多种饲料资源，仙居鸡排出的粪便更是杨梅的优质肥料。由于常年生活在林草野外环境中，仙居鸡也逐渐形成了骨细皮薄、肉质细腻等优良的种质特性。

杨梅林空间大，解决了农户庭院大规模养鸡受场地限制的难题，忙碌的仙居乡民只需将仙居鸡放养在茂密的林中，便能专心忙碌于其他农活，养殖管理虽简单粗放，但效益良多。白天，鸡群在林内可以自由自在地采食昆虫、蜘蛛、蚯蚓和各类植物的嫩芽、果实、种子等，大大节省了人工饲料的支出，而且鸡群可以从野生的动植物中获取多种氨基酸、蛋白质和微量元素等营养物质。此外，杨梅林内还有许多绿豆大小的石子，能为仙居鸡提供矿物质营养，仙居鸡啄食小石子也可以帮忙磨碎食物。乡民们仅需在晚上补饲一些自种或于当地低价购入的农作物饲料，每只鸡的人工饲料投放量由常规养殖的每天60克降至40克。一般一户人家养鸡50只，一年便能节省饲料300多千克。由于山区自然屏障好，加上杨梅林内空气清新、环境清幽，仙居鸡能自由活跃于林内，抗病力较强，也能大量节约药物费用。

仙居乡民在一代又一代的传承中，始终秉持着物质循环使用的理念。他们将鸡粪就地还园，鸡粪是优质的有机生态肥，富含杨梅、茶叶生长所需的氮、磷、钾等营养元素。这才得以保证其赖以为生的杨梅林虽经几百年风霜，未有地力衰竭之厄，同时也摆脱了鸡粪污染居民生活环境的困境，变废为宝，给乡民们创造了极大的经济效益。

在仙居杨梅林内，时常可以看见悠闲自在的仙居鸡漫步林间，它们或三五成群地在茶树间穿梭搜索，或两两结伴、跃上杨梅矮枝啄食着它们最喜欢的虫子。杨梅林内仙居鸡组成了数百支"侦察兵小分队"，各自在自己的领地内高效地把这百亩杨梅林前前后后、里里外外、上上下下，全部搜寻一遍又一遍，让无处藏身的害虫成为它们的优质天然饲料。杨梅林下饲养野性十足的仙居鸡，实际上是在林内引进了有害昆虫的生物天敌，以降低病虫发生率，减少农药的使用，不仅省时省力、节约成本，也保证了杨梅和茶叶的品质。

浙江仙居杨梅栽培系统形成以杨梅栽植为核心产业，并将其与种茶、栽草、牧鸡、养蜂等有机结合与立体布局的完整系统。复合种养系统是仙居人民千年实践的产物和农业智慧的结晶，也是当地农民的最主要生计来源，这里生产的仙居杨梅、有机绿茶、"浙八味"草药、仙居鸡、蛋产品、土蜂蜜等，均是富有地域特色和知名度的绿色有机农产品，代表了仙居在传统山地利用与农业生产上的最高水平。

二

保山护水 生态屏障

浙江仙居杨梅栽培系统以仙居县全域作为农业文化遗产保护区，不仅是仙居生态系统的重要组成部分，也是国家东南部生态屏障战略的组成部分之一，在当地有着难以替代的生态服务功能。"八山一水一分田"，是世代生活于此的仙居人对家乡的概括，也是浙江仙居杨梅栽培系统所处环境的真实写照。仙居山林众多，飞禽走兽穿梭于林木之间；而山下清澈的永安溪自西向东横亘全境，水鸟与游鱼相逐。仙居人就在这片繁盛的山泽中开辟属于自己的天地，在长久的岁月中与这里生存的各种生灵建立了和谐友好的关系，浙江仙居杨梅栽培系统也由此形成。在这个系统中，人与自然和谐共处，处于同一生态圈子中的动物、植物与人类共同协作，共同维护与促进生境的水土保持、涵养水源、控温增湿、净化空气等功能，为这一山清水秀的生态环境贡献力量。

（一）生态和谐　物种丰富

千年时光里，仙居人与仙居大地上生存的各种动植物建立了和谐的生态关系，互助互利维持着仙居生态的良性循环发展，逐渐建立并完善浙江仙居杨梅栽培系统。仙居山川间碧树盈盈、流水潺潺、动物相戏、农人劳作，一派和谐。丰裕的水土催生了此间万物，构建了一个万物共生的系统，呵护生灵，孕育丰富的物种资源。

1. 万物共生　各得其所

在浙江仙居杨梅栽培系统中，青山绿水间，树影婆娑、流水潺潺，飞禽走兽、水鸟游鱼，乐享其中。在这一个由多个要素构成的

系统中，最为突出的便是其中万物共生的景象，复合系统的生态功能由此可见一斑。

　　仙居的山水孕育了此间繁盛的生灵，植物、动物与人类，共同生活于这片山泽中。在这个以古杨梅群为主要保护对象的农业文化遗产系统中，不仅生长着杨梅，还有附着于杨梅树皮上的苔藓与地衣、杨梅树下匍匐生长的淡竹叶、成簇的蕨类植物、各据一地的积雪草与地菍、林中混栽的叶用茶树与榨油用的油茶、相顾的松树与杉树、偶立其间的板栗树与栎树以及点缀其中的柿树与梨树，都是这个系统中的一员，与杨梅树同享一片土地。从最为矮小的真菌与藻类的结合体地衣，到苔藓类植物、草本类植物，再到灌木、乔木，各种植物都能在这里找到适合自己生长的位置，创造属于自己也属于整个仙居生态系统的价值。而动物，也在这里找到了自己的位置。立于枝头的飞禽、戏于水中的水鸟、奔跃于林间的走兽、游弋于清水的游鱼，它们或是仙居山水中的住客，抑或是这里最初的主人。而后来居之的人类，凭借着自身的努力，融入了这个空间，与所有生活于此的动物及植物，共享家园。

杨梅林间的茶树（陈雪音／摄）

　　传统农业系统得以流传千古的因素有千千万，生态平衡可能是它们的最大原因。浙江仙居杨梅栽培系统能够流传得益于它的生态组成要素之间形成良性循环，生态平衡得以维持。空气、水源与土壤在初期为系统中的动植物与人类提供了基础资源；植物在土壤上扎根，吸收水分，日间制造氧气，夜间呼吸；林中动物在植物间择地为家，食用植物，又以排泄物滋养植物；水中游鱼于溪石和水生植物间寻觅藏身之地，以浮游生物为食，清除溪水中过多的藻类；人类择地而居，开垦荒地以耕种，在林中选择性地于其中一块地域内集中种植杨梅和茶树，养殖蜜蜂与家禽，丰富山林间的物种，又促进植物传粉以繁殖。各种要素之间看似独立，却又通过隐秘的线连成一体。空气、水源和土壤是基础，植物为动物提供家园，动物在不经意间滋养着植物，人类则强化动植物间的相互作用，进而推动这一系统中基础资源的良性发展，维护水土，净化空气。这些要素形成了一个闭合的环，一个要素代表环中的一个节点，只有每一个节点正常发展时，才会形成闭合循环的环，一旦其中的某一节点出现问题，即某一要素遭遇破坏甚至消失，这个环就会处于危险之中，甚至无法成型，那么这个系统也就走向崩溃。幸而仙居人对这一经历千百年的农业系统十分重视，在历史中积累经验，对其中的各个环节都有相应的维护措施，使之能长远流传。

　　万物共生的浙江仙居杨梅栽培系统，各类生灵都能寻到自己应处的位置，维护着生态的平衡，也成就了这一系统。

表2-1　浙江仙居杨梅栽培系统部分鸟类资源

目	科	种
鸽形目 COLUMBIFORMES	鸠鸽科 Columbidae	山斑鸠 *Streptopelia orientalis* 珠颈斑鸠 *Streptopelia chinensis*
雨燕目 APODIFORMES	雨燕科 Apodidae	白腰雨燕 *Apus pacificus kanoi* 小白腰雨燕 *Apus nipalensis*

（续）

目	科	种
鹃形目 CUCULIFORMES	杜鹃科 Cuculidae	四声杜鹃 *Cuculus micropterus* 噪鹃 *Eudynamys scolopacea*
戴胜目 UPUPIFORMES	戴胜科 Upupidae	戴胜 *Upupa epops*
雀形目 PASSERIFORMES	百灵科 Alaudidae	云雀 *Alauda arvensis* 小云雀 *Alauda gulgula*
	燕科 Hirundinidae	崖沙燕 *Riparia riparia* 家燕 *Hirundo rustica* 金腰燕 *Cecropis daurica*
	鹎科 Pycnonotidae	领雀嘴鹎 *Spizixossemitorques* 黄臀鹎 *Pycnonotus xanthorrhous* 白头鹎 *Pycnonotus sinensis* 栗背短脚鹎 *Hemixos castanonotus* 绿翅短脚鹎 *Hypsipetes mcclellandii* 黑短脚鹎 *Hypsipetesleucocephalus*
	椋鸟科 Sturnidae	八哥 *Acridotheres cristatellus* 丝光椋鸟 *Sturnus sericeus*
	鸦科 Corvidae	松鸦 *Garrulus glandarius* 红嘴蓝鹊 *Urocissa erythrorhyncha* 灰树鹊 *Dendrocitta formosae*
	鹟科 Turdidae	乌鸫 *Turdus merula*
	绣眼鸟科 Zosteropidae	暗绿绣眼鸟 *Zosterops japonica*
	雀科 Passeridae	山麻雀 *Passer rutilans* 麻雀 *Passer montanus*

2. 杨梅资源　世界之最

在浙江仙居杨梅栽培系统的核心区域内，峰峦叠嶂，从山脚下沿着蜿蜒的"之"字形道路进山，双眼所见俱是苍山翠岭。山脚下是稻田，路旁是挺拔的松树、枫树，偶有水流沿着山壁滑落，坠入路旁的草丛中，隐没不见。车行至山腰，有小片平地，几间小屋静静屹立着，是杨梅种植者的居所。靠近房屋的低矮台地上，有混栽的覆盆子和其他草药，房屋后面就是古杨梅群所在了。一条青石板铺成的小路延伸至山顶，方便人们抵达层层台地，看望每一株杨梅树，了解它们与周边生物的日常。这片山林不仅仅是杨梅树的天下，也是山中生长着的每一株植物、生活着的每一种动物的家园。正是因为各种动物、植物都能在这片山泽中寻得自己的家，才有如今的浙江仙居杨梅栽培系统，绿树环绕，鸟鸣枝头，古杨梅树才能在此生根发芽，族群不断扩大，造就了当今世界上最大的杨梅种质资源库。

浙江仙居杨梅栽培系统的历史悠久绵长，最早可追溯到魏晋南北朝时期。经过千年的发展与世代选育，积累了数量众多、类型多样、品种丰富的古杨梅种质，被杨梅界誉为"杨梅良种之宝库"。在这里，人们可以看到杨梅的驯化进程，从野生杨梅到半野生杨梅，再到味道鲜美的栽培杨梅，在这里都能找寻它们的踪迹。13 425株超百年树龄的古杨梅树，或独立于山巅，或成群结伴，在仙居的高山上向世人诉说着这片土地的美好。而横溪镇屏风岩顶上那株千年杨是仙居千年变化的历史见证者，也是这片山泽千年生态变迁的参

遗产地结新果的古杨梅（仙居县政府／提供）

与者。千百年来，这片生机勃发的山地孕育了多种古杨梅树，除了早已被记录于书籍、报告中的野生杨梅、白杨梅、乌杨梅、红杨梅等人类，其下分化繁育的品种甚多，2007年发现的"早头""小野乌""小炭梅""婆膜爷种"品种，均是首次发现的新品种，更新了中国杨梅品种资源的历史，也告诉世人在这片葱郁的山林里还有更多的宝藏等待我们去发掘了解。这些隐藏在山中的杨梅种质资源，既有原始野生状态的类群，亦有仙居人千百年来人工选择和嫁接培育的品种，是古代杨梅树大规模良种选育与嫁接技术的"活标本"以及最好的技术展示。

在仙居山中与万物共生的古杨梅群落中，乌杨梅可能是当地栽培最早的杨梅类型；而白杨梅则是古杨梅中最为珍贵的品类，其色白晶莹（所以又称"水晶梅"）、甜如冰糖，栽种数量也是历来最少，从明万历至清光绪的各朝《仙居县志》中均记载："杨梅，苍岭坑最多，近三都扬所出味尤佳。别有白者，不多有。"

浙江仙居杨梅栽培系统中的杨梅树种，经过多年发展，还栽培有现代的优势品种——"东魁杨梅""荸荠种杨梅"。夏日，自山脚往上眺望，仿若碧玉的山中，点点艳红诱人，陆续成熟的杨梅在泛着光泽的叶下透露娇颜。每年的6月中上旬，在阳光的作用下逐渐转为

水晶杨梅（应铮峥／摄）

东魁杨梅（应铮峥／摄）

乌黑色泽的荸荠种杨梅率先挂满枝头。属于早熟品种的荸荠种杨梅，多栽种于仙居的中低山区，呈半圆形或圆头形的树冠保护着树下喜阴的各类植物，又为活泼的鸟类提供宿处。当荸荠种杨梅采摘了一段时间后，于6月中下旬成熟的东魁杨梅就迫不及待地披上紫红的外衣。相较于荸荠种杨梅，东魁杨梅更显鲜艳，成为山腰以上最为亮眼的一抹颜色。

虽说现今市面上售卖的杨梅多是味甜汁丰的品种，但杨梅大家族中也有酸涩不堪食的品种。按照植物学的分类，现归属于杨梅属（*Myrica*）的树种约有60个种，而我国目前发现的种类占其1/10，有6个种。分别是杨梅（*Myrica rubra* Sieb.）、毛杨梅（*Myrica esculenta* Buch-Ham）、细叶杨梅（*Myrica adenophora* Hance）、矮杨梅（*Myrica nana* Cheval）、大杨梅（*Myrica arborescens* S.R.Liet.）和全缘叶杨梅（*Myrica integrifolia* Roxb），其中的杨梅与毛杨梅品种多被食用，而相较于仅产于云南一带的毛杨梅，在全国多地均有野生资源分布的杨梅这一种更受世人青睐，也有更多的栽培种面世，浙江仙居杨梅栽培系统中蕴藏的杨梅种质资源也多是由杨梅这一种发展而来。早期的文献记载中多将杨梅分为野生种、本种（深红种）、粉红种、白种（水晶体）、矮性种和乌种6大变种。野生杨梅树干高大粗壮且枝叶繁茂，但果实酸涩难以下咽，多被用作砧木；矮性种树高不显，仅2米，果小且味清淡，不是品质上佳的品种。其余4种，以果实颜色区分，但究其根本，此4种均属杨梅（*Myrica rubra* Sieb.）这一种的不同变种，因而它们的颜色并非绝对，粉红种中也有产白色果实的杨梅，深红种与乌种之间均有颜色相近的果实产出。仙居地方志中所记的杨梅种类，大概就是现代植物学未普及之时，果农凭借多年种植经验所行的粗略分类。

表2-2　中国部分杨梅种类

种	变种	品种
杨梅 *Myrica rubra* Sieb.	野生种 深红种 粉红种 白种（水晶体） 矮性种 乌种	旱酸儿（野杨梅）、大炭梅、小炭梅（金钱炭梅）、白杨梅一号、白杨梅二号、白梅、大乌种、小乌种、野乌梅、白花种、水红种、荸荠种、丁香梅、东魁杨梅、晚稻杨梅
毛杨梅 *Myrica esculenta* Buch-Ham		
细叶杨梅 *Myrica adenophora* Hance		
矮杨梅 *Myrica nana* Cheval		
大杨梅 *Myrica arborescens* S.R.Liet.		
全缘叶杨梅 *Myrica integrifolia* Roxb		

　　现代植物学分类方法逐渐完善，使得以前粗略划分的杨梅品种有了更清晰的划分，逐渐建立了丰富的杨梅种质资源库，自然演化的杨梅变种与人工选育的杨梅品种有了清楚的谱系。因仙居良好生态环境而保存的多个杨梅品种，在现代科学的帮助下建立了谱系，既能助益学界扩充杨梅种质资源库的数据，了解各品种之间的关系；又能成为园艺界栽培选育更多优良品种的亲本来源。

（二）仙乡山水的"守护精灵"

　　浙江仙居杨梅栽培系统蕴藏丰富，生物资源计不可数。这个仅核心区就占有13 900亩地的农业系统是由人类与动植物共同守护的。

1. 物性相洽　水土保持

浙江仙居古杨梅群复合种养区域内分布有不同层次的动植物资源，其中不少动植物本身即具备良好的水土保持能力。加之乡民们将这些动植物资源进行合理配置，不同动植物之间物性相互配合，从而强化了系统的水土保持能力。

春天正是植物新一轮生长周期的开始，根茎抽长，枝叶萌发，沉寂一季的力量就此被唤醒。农人趁此良机开耕田地，精心培育即将萌生花蕾的果树。林中蛰伏一季的动物们也探出头来，感受暌违已久的温暖。

高大乔木的树根穿透更深层的土壤；灌木之根在表土之下延伸铺陈；草本植物

遗产地内的毛栗子树（陈雪音／摄）

重新笼罩表土；苔藓与地衣再次附于裸露的根茎之上，抓住细小的沙砾，植物们在各自的位置生机盎然。在夏季暴风雨来临前，植物的根茎将寸寸泥土紧紧抓牢，以免强风劲雨带走富含肥力的泥土，达到了巩固土壤的目的。当春天的细雨落下，嫩绿的新叶分担了自高空坠落的雨滴所累积的大部分力量，令春雨浇灌土地却不致溅起大量泥沙。苏醒的地下爬虫在植物的根须间穿行，配合着生长中的根须，将沉淀一冬的土壤疏通，让裹挟营养物质的水分子通行，补充土壤肥力的同时，避免深土板结。昆虫的出现令群鸟聚集，它们与人类散放山林的仙居鸡一同觅食，虽然扒土啄食间抓散表土，却又在随意的走动间压实浮土，消灭害虫而不破坏土壤环境，而它们留在林间的排泄物又能提升土壤的肥力。而忙于春耕的仙居人，在暖风拂面的晴日，为林中栽培的杨梅及茶树护理枝叶，剪落的枝叶充作有机肥，为因植物抽取营养物质而肥力下降的土壤充能。

经过一春的繁育，古杨梅群复合种养系统中的动植物数量增加，生态环境中的各方势力达到峰值，足以抵抗夏季多变的天气的影响。

炎夏里漫步山林，目之所及，尽是葱茏。作为系统中具有代表性的树种，在每一座山峰中都可看见杨梅树的身影。以杨梅树为中心，山地中的各类植物错落有致地分布着，在各自的位置上悉心守护着山岗的安宁。杨梅林外，是山地中原生的植物景观，松科、杉科与壳斗科植物混杂形成的树林是山地中最高大的存在。杨梅树林稍矮，与山中的柿树、梨树同属第二梯度的植物。低矮的茶树与其他灌木组成第三梯度队伍，与前面的乔木一起，为最矮小的草本植物与苔藓、地衣，撑起抵抗风雨的巨伞。夏日里，由于烈日烘烤大地，地面温度急剧上升，地面水分蒸发量增加，水汽在空中积聚形成巨大的雨云，午后极易出现强对流天气，狂风骤雨，冲刷大地。覆盖着泥土的植物们，在风雨中层层抵抗，最高大的树木率先迎击强风暴雨，抵御最强的攻击；杨梅树圆形的树冠再次削减大雨的力量；不少雨滴被茂密的杨梅树叶反弹，削弱了力量，想要直冲地面，却又被灌木丛拦路一截，最后只能无力地滑落地面。而那些从树叶缝隙中穿过的雨滴，虽有一往无前的魄力，却发现地面上还有各类草本植物，不如乔木及灌木拥有硬挺的叶片，但它们身披绒毛的柔软叶片，层层叠叠，如同地面上覆盖的地毯，以柔克刚，瓦解了雨滴的力量。猛烈的雨水经过层层抵御，最终轻柔地没入泥土。

雨水补充了系统中缓慢流失的水分与营养物质，地表径流得到补给，土壤也因水中蕴含的各类营养物质而肥力上升。为土壤抵御雨水冲刷危机的植物们，得到土壤的回馈，在饱饮之后得到生长所需养料，根茎成长，所有的植物连成一体，为山地编织了护土固土的绿毯。

邻近秋季，植物开始结出甜美的果实，在林中生活的各种动物也逐渐显现它们的风采。鸟类自春日起便守护一方，在树杈间安家筑巢，与养殖林中的仙居鸡一同捕食昆虫。昆虫数量众多，无法消灭，以之为食的禽鸟却杜绝了其为祸山林的机会，山林中的一切维持着微妙的平衡状态。蜂农在花开时节将蜜蜂放养山中，汲取花蜜的蜜蜂们意外地帮助植物传播花粉，秋日里，它们的劳动得到验收，林中植物结实累累，生命得到延续。而成熟的果实又为山中的动物提供食物，一些鸟类在吞下果实后携带植物种子飞向他处，最终帮助植物传播，扩充森林资源。生命得以延续的植物们，又将在下一个生命周期开始之时，守护着它们的栖息地。

在动物协助植物护土之时，人类也不甘示弱。在总结历史经验的过程中，仙居乡民在山林中修筑了等高梯地，挖造鱼鳞坑，这些措施不仅能有效增加山地的植被覆盖率，而且强化了系统的水土保持能力。修筑等高梯地，在山地上形成可蓄积水源的条沟，层级排布，拦蓄依山势而下的地表径流，令其缓缓入渗，增加土壤的水分入渗率，可以减少水土流失。与之相似，鱼鳞坑前端泥土被垒砌成略高于地面的半月形围挡，树苗被包围着，降雨之后，坑内蓄积少量雨水，慢慢渗透鱼鳞坑，滋养树木。

植物、动物与人类，协同合作，在浙江仙居古杨梅群复合种养系统中护土固土、保持水土，为这片山林健康持续发展尽力。

永安溪（崔江剑／摄）

2. 涵养水源　护育母河

植被的覆盖不仅能够保持水土，还可以涵养水源。浙江仙居杨梅栽培系统中植物众多，乔木与灌木从春初至秋末，在每一次降雨中，截留空中落下的部分降水，以看似光滑实则由多个细胞组成的叶片吸收水分，间或以有着粗糙表皮的树枝与树干"捕捉"流经的雨水，利用自身似海绵一般的构造，容纳一部分水源。虽然林木的截留使地表径流量减少，但是附着于植物叶片或是枝干上的水滴，是水分在土壤以外的蓄积，以另一种形式涵养水源。树木饱纳水分的躯干短时间内不需依靠根须吸收来自土壤中的水分，因此大量雨水得以渗透到土壤中，润湿深入地底世界的每一寸沙土。若沙土松散，无植被生长，大量的雨水只会使它们变得泥泞，被水分裹挟着流向远方，但是复合种养系统植物茂盛，植物的根系在土壤中肆意生长，交错构成多个细小的孔隙，包裹着壤土，如同一块巨大的海绵，截留了聚合成团的水分子，达到蓄水的功能。而且山林中的杨梅长有能够固氮提升土壤肥力的菌根，可以改善土壤的疏松通透性，令土壤处于可吸纳水分而不会被冲刷解构的状态，增强土壤的蓄水能力。根据非毛管孔隙度的测定结果，浙江仙居杨梅栽培系统空间内50厘米深的土壤，最大贮水量为61.03毫米，最小为40.83毫米，而仙居山高土厚，一般土层厚度在50厘米以上，蓄水空间充足，足以留存一场正常规模的降雨所带来的水量。

植物根系留住了渗入地下的水源，少量留存于林地表面的水分则被娇小玲珑的苔藓与地衣瓜分了。苔藓与地衣看似不起眼，个体弱小，但聚合成群的它们，却能减缓流经族群的地表水流流速，利用个体之间的间隙困住流水，蓄积水源。每一团苔藓与地衣，都由无数的个体组成，熙熙攘攘，组合成地表上的薄地毯，吸收珍贵的水源。此外，各类植物的枯枝落叶覆盖于土表，已经失去生命的它们，组织中的细胞结构毕竟仍存，这些干燥的小空间恰能在水流经过时吸收水分，减轻土地短时间内渗入大量水分的压力，也可延长土壤保持湿润的时间。

在降水时，植物与土壤密切合作，成为储蓄水分的容器，是涵养水源的主力之一。而减少水分蒸发，则是水源涵养的另一重要措施。

烈日中，毫无遮挡的地表径流是无法避免水分蒸发的命运的，但是山林土壤蕴含的水分却可通过不同的形式减少蒸发。植被能于降水时蓄水，也能在晴日里减少土壤的水分蒸发，起到节流的效果。浙江仙居杨梅栽培系统中密布的乔木，以其树冠遮挡灼灼烈日，枝叶繁茂，因而能层层阻挡阳光，只余少量光线自缝隙中落入林中，为地面的生物提供必要的阳光。乔木树冠之下，因叶片吸收了热量，又阻隔大部分能产生热能的光照，因而荫蔽的林中，温度较之裸露于日光中的树冠顶层要低，虽无法与温度适宜的春天及凉爽的晚秋相比，但走进夏日的密林中，能瞬间与外界令人心烦意乱的热浪道别，让人内心平静。这份阴凉，最大限度地减少了水分蒸发。水分蒸发虽然减少了，但仍会发生，此时，涵养水源的重担就由低矮的灌木丛及草本植物群落承接。灌木丛及草本植物群落贴近地面，它们密集的叶片所形成的效果与塑料薄膜的功效相差无几，在土壤不可避免的水分蒸发过程中，阻挡它们遮蔽的那一片土地中上升的水蒸气的前进之路，迫使水蒸气在叶片背面停驻，或是被叶片吸收，或是聚合成水珠，再次没入土壤。虽然总有水蒸气从叶片的空隙间逃逸，成为天上的云彩，但植物将一部分水分留住，极力减少水分的蒸发，保护山林中的水源。

水滋养着仙居的山林，而这方山林续以护育仙居的母亲河——永安溪。永安溪作为浙江八大水系之一——灵江－椒江的源头，流经仙居之时，自西向东横贯而过，两侧平地则是仙居人的家宅与耕作所在。从远处流入的永安溪，作为仙居全境最大的地表径流，是当

永安溪绿道（徐小凤／摄）

之无愧的仙居母亲河。河流是早期城镇发展最重要的参考要素之一，早期定居于仙居的人类，必是依水岸而居，以永安溪的溪水为饮用水，以溪水浇灌田地。人口的增长消耗着溪水，这条养活无数人口的溪流，除了依靠不定期的降水补给，便只能依靠两岸山林中蕴含的水源补充水量。仙居林立的山峰中，常见山涧溪流，悠悠漫过青翠的苔藓，沿着既定的道路前进着，自山壁缓缓没入低处的土壤中，或是继续前行，最终汇入永安溪中。自林中而来的永安溪补给水源，在苔藓群落中经过之时，洗刷了来自空中的污染物；在落叶层中再次经历过滤；又于土壤中通过砂石的吸附作用，脱去裹挟的多余的矿物质，早已干净清澈。当这些经过层层过滤的水流汇入永安溪时，水流清澈透亮，为仙居人以及生活于水中的各类生物带来美好的体验。

永安溪的水质优良，在大多数河段都可以直接掬水而饮。清冽甘甜的溪水哺育着一代又一代仙居人，也为他们提供滋养山林的水源。永安溪的水由山林涵养的水源补给，又借由仙居人的手归返山林。浙江仙居杨梅栽培系统中，仙居的山水是一体的，良好的生态环境既能促成山林涵养水源，补给永安溪；又能使永安溪的水重回山林，滋养着山林中的万物。

3. 层峦叠嶂　防火防风

山林最惧怕的便是火源，在所有开放游玩的山林中，都有告示提醒游人注意山火。燃烧的因素主要有三个，一是可燃物，二是助燃物，三是着火源。复合种养系统中，由于植物茂盛，恰巧具有燃烧的三个要素。种类丰富的植物群中，松树因其富含油脂，是最易引起燃烧的树种之一，是为可燃物。而丰富的植物在日间通过光合作用，能产生大量氧气，而氧气正是燃烧过程中的助燃物。三要素中的着火源是指能使可燃物与助燃物之间产生反应的要素，一般是能使可燃物燃烧的温度，夏日的高温与雷击是极易引

杨梅树叶（下）与夹竹桃树叶（上）燃烧对比特写（仙居县政府／提供）

起山火的因素之一。虽然系统中具备三个燃烧的因素，但是这一个农业系统却能一直延续，正是因为它也具备了防范山火的因素。

这片山林同具可燃的松树与不易燃烧的木荷及杨梅。木荷是世界公认的防火树种之一，可以营造山林的隔火带，保护山林。这是因为木荷本身的着火点高，相较于松树等富含油脂的植物，木质紧实的木荷难以点燃。杨梅同是这样的植物，着火点高，它的新鲜枝叶不易燃烧。仙居的山林中虽有松树，却有更多难以燃烧的植物，它们混杂一处，共同降低了山林起火的可能性。而茂密的森林虽于白日里制造了大量的氧气，但是它们作为涵养水源的一分子，自身蓄积了大量的水分，即便有烈日高温，但也因富含水分的枝叶而难

以制造燃烧危机。而阴凉的林中，氧气与水汽相融，饱含水汽的山林大大增加了山火燃起的难度。因此，虽有燃烧三要素，但浙江仙居杨梅栽培系统还是山林防火的小助手。

至于山林防风，更是这一系统自带的属性。成排成片的山林，是最好的防风工具。仙居的山上，青葱之间俱是林木，它们繁茂的

超级台风"利奇马"

"利奇马"台风是2019年太平洋台风季中第9个被命名的风暴。从2019年7月29日日本气象厅将菲律宾吕宋岛以东的热带云团认定为低压区开始，至2019年8月15日由日本气象厅认定其完全消散为止，"利奇马"强度不断增加，在8月8日至8月13日期间，对日本及中国部分地区造成重大影响。

2019年8月8日，"利奇马"被认定为到那时为止2019年强度最强的台风。当晚，"利奇马"逐渐穿过日本宫古岛附近海域，朝着西北方向移动，向浙江一带靠近。8月10日1时45分左右，"利奇马"的中心在浙江省温岭市城南镇沿海登陆，并逐渐向偏北方向移动，于当日22时左右移入江苏省境内。8月11日12时，"利奇马"从江苏省连云港市附近出海，继续向偏北方向移动，在当日20时50分，其中心于山东省青岛市黄岛区沿海再次登陆。8月12日5时左右，"利奇马"穿过山东半岛移动至莱州湾海面，在此回旋打转，不再向远方移动。

截至8月14日，受"利奇马"影响，福建、浙江、江苏、安徽、上海、山东、河北、辽宁、吉林9省（直辖市）1 402.4万人受灾，209.8万人紧急转移安置，3.7万人需紧急生活救助；1.6万间房屋倒塌，13.4万间有不同程度的损坏；农作物受灾面积达114.0万公顷，其中绝收9.3万公顷，直接经济损失537.2亿元。其中，在8月10日，浙江省温州市永嘉县岩坦镇山早村因台风带来的恶劣天气，在暴雨中山洪爆发，发生山体滑坡，堵塞河流形成堰塞湖，又发生堰塞湖决堤，导致人员伤亡和失联。邻近的临海市，因上游的始丰溪和永安溪同时暴发特大洪水，市内遭遇洪水围困。

枝叶，拦下了来自外部的狂风。自远方吹袭而至的暴风，在密密麻麻的树叶前，只能甘拜下风。枝叶如同编织紧密的布匹，挂于山岗上，当强风来袭，它们虽会随之而动，但是毫不退缩，数不胜数的树木，如一列列卫士，紧紧护佑着后方的仙居。劲风在层层树列间失去最初的力量，只剩轻柔地一拂，为仙居送去清爽。

2019年8月，"利奇马"台风吹袭浙江省，靠近东海的仙居直面冲击。但是拥有浙江仙居杨梅栽培系统的仙居，所受灾害较轻，特别是系统的核心区域，几无受损。由此可见良好的生态环境抵抗了台风可能带来的水土流失、植被倾倒的危害。

（三）大自然的"空调"

调节局部小气候，是浙江仙居杨梅栽培系统的其中一项"天赋技能"。通过内外水汽、氧、碳等物质或元素的循环运动，来发挥自身对当地及周边温度、湿度等方面的调节作用。这种作用与效果肉眼无法观之，但却能切身感受其中的变化与韵律，如空气清新、温润舒适、神清气爽，等等。这一系统就像大自然的"空调"，不仅功率大，而且无污染、无能耗，真乃"生态宜居"的一处宝地。

浙江仙居杨梅栽培系统中山林密布，蕴含水泽，植物与水源和谐共处，地表径流的水分在日光照耀中蒸发，而密林土壤中蕴藏的水分也在温暖中蒸发，植物枝叶中所含的水分随着蒸腾作用凝结成天上的云。水汽的循环运动，改变着这片区域的小气候。

1. 控温增湿 滋养生灵

浙江仙居杨梅栽培系统中数量庞大的植物，利用自身枝叶，为山林制造较为密闭的小空间，阻挡大量阳光，降低林中的温度。而林中发生的蒸发与蒸腾作用，使得水分从液态蜕变为气态，吸收四周空气中的大量热量，热量减少，则令林中温度自然下降，维持舒适的温度。而系统内永安溪等地表径流的存在，更是调控温度的良物。地表径流的蒸发量比森林更大，因而水分子吸收的热量也多，在水源附近，温度总是适宜，清爽宜人。

温差的存在，冷、热空气之间相互碰撞与角力，孕育了"风"。风吹散了烈日所生的热浪，催生了林海绿波翻涌、清流波光粼粼的美景，从视觉上为游人带来清凉之感。

在仙居，因山林间水循环的机制，在蒸腾作用的作用下，地表水以气态形式上升至高空中，因高空自身的低温凝结成冰晶或液态，形成氤氲雾气，缭绕山间，仿若仙境。

在空中，水汽漂浮，簇集成云，水汽越多，云滴越大，直到克服空气阻力和上升气流的顶托，降落成雨，水分重回大地，等待阳光的再次召唤，如此便完成了一次水循环。夏日，浙江仙居杨梅栽培系统降雨适时、雨量充沛，对于生活其中的生灵来说，一次降雨，既是一场甘霖，也是一次柔润的沐浴。

2. 空气净化 涤除浮躁

浙江仙居杨梅栽培系统内广袤而丰富的野生植物，通过光合作用将二氧化碳转化为人类赖以生存的氧气，以此提升空气中的氧气含量。氧气善于"捕获"空气中经电离而产生的自由电子，从而形成"负氧离子"。科学证明：负氧离子能杀灭空气中分布的细菌，吸滞烟灰粉尘，固定、稀释、分解空气中的有害气体。充足的负氧离子能调节人体生理机能、消除机体疲劳，同时还能改善睡眠质量、预防呼吸道疾病、改善心脑血管疾病、降血压等。

神仙居景区中的负离子监测数据（冯培／摄）

杨梅树四季常青，杨梅林对空气的净化作用，主要表现在能杀灭空气中漂浮的细菌，吸附烟灰粉尘，吸收、固定、分解、稀释大气中的有毒有害物质，再通过光合作用形成有机物质。而复合种养系统中的其他植物，也多有常青品种，四季均能绿化系统环境，净化空气。

进入浙江仙居杨梅栽培系统内，湿润的空气裹挟着植物的清新之感，吸进肺中的空气仿若能带出在身体里的各类污浊之气。植物枝干上斑驳的苔藓与地衣，是此地空气清新的标志。对生存环境要求极高的苔藓与地衣，对生存环境敏感，一

杨梅树上的地衣（陈雪音／摄）

旦活动区域内水源受到污染，或是空气中污染物质含量太高，它们的生命就会消逝。因而，这些敏感的小生命正可充当空气检测的工具。

山地空气污染的"监测员"：苔藓植物（Bryophyte）

苔藓植物属于最低等的高等植物。无花、无种子，以孢子繁殖。能作为监测空气污染程度的指示植物。结构简单，仅包含茎和叶两部分，有时只有扁平的叶状体，没有真正的根和维管束。喜欢有一定阳光及潮湿的环境，一般生长在裸露的石壁上，或潮湿的森林和沼泽地。许多种苔藓植物可以作为土壤酸碱度的指示植物。

山地的"华服"：地衣（Lichens）

地衣是藻类和真菌共生的复合体。由于菌、藻长期紧密地结合在一起，无论在形态上、结构上、生理上和遗传上都形成了一个单独的固定的有机体，所以把地衣单列为地衣植物门。根据形态可分为壳状地衣、叶状地衣和支状地衣三种类型。多数地衣是喜光植物，要求生境的空气新鲜。不耐大气污染。耐寒和耐旱性很强。干燥时可以休眠，雨后可继续生长。

三

梅茶鸡蜂　复合种养

　　仙山仙水孕仙梅，仙乡仙民育仙果。智慧朴实的仙居乡民充分利用大自然所赐予的得天独厚的自然条件，以广阔的群山山麓缓坡地带为作业区，最大限度地利用区域内的光、热、水、土、肥等自然资源，巧妙并合理地在不同高度的山地环境中配置杨梅、茶树、仙居鸡和土蜂等生物品种。他们用郁郁葱葱的杨梅树和茶树装饰着大自然馈赠给他们的这片仙山幽谷，杨梅枝青、茶树叶翠，青翠相叠、参差错落，犹如仙女遗落在人间的翡翠缎带；仙居鸡与土蜂则是仙山中"狡黠的精灵"，它们活泼欢快地穿梭其间，各司其职。这种复合型农业模式，突破了水平维度和单一模式，各个物种之间物性配合、高效默契，能达到1+1＞2的功效。在同一个生产周期内，还能同时提供杨梅、茶叶、仙居鸡和蜂蜜等多种优质农产品，实现了农业生产的层次化、立体化。

古杨梅群复合种养系统远眺图（崔江剑／提供）

（一）相得益彰的梅茶间作

　　杨梅树与茶树都是寿命长、经济效益高的常绿树，生物性十分相似。早在南宋时期，农学家陈旉便已为间作的合理组合确立了深根作物对浅根作物的原则。杨梅树和茶树的间作便很好地遵循了这一原则，杨梅树浅根发达、茶树深根郁勃，两者分别在不同深度的土壤层中，发挥有力的固土和通土的作用。杨梅既耐旱耐瘠，又能固氮增氧、保水保肥，不仅不会与茶树争夺生长资源和养料，反而能改善茶树的生长环境。寒冬腊月，树干挺拔、树冠繁茂的杨梅树还能帮助茶树抗冻防寒，对于茶树来说，杨梅堪称贴心完美的"伴侣"。

梅茶间作（沈梦婷/摄）

间作制

间作制是在同一块土地上大体同期成行间隔播种或栽植多种作物的农作制。我国古代劳动人民为了农业增产而实行间作制，早在西汉《氾胜之书》中就总结了瓜、薤、小豆之间实行间作套种的经验，魏贾思勰的《齐民要术》也认为桑间种植小豆和绿豆是比较合理的间作组合，能达到"二豆良美，润泽益桑"之良效。劳动人民在有限的空间内充分利用土地和气候，遵循利用植物种间互利因素、尽量避免植物种间互抑因素的原则，合理安排田间布局，这种独特的农业耕作制度是他们智慧的结晶。通过这种农业耕作制度，既能增加作物产量，又能改善作物的通风透光条件、培肥地力，甚至可以增强作物抵抗自然灾害的能力。

1. 梅茶同生 技术高效

千山染翠的悬崖峭壁之上，一棵棵杨梅树矗立而起，采天地灵气、吸日月精华，丹实累累挂枝头，仙居乡民被这些甘甜的果实所吸引，并开始尝试人工培育。在千百年的实践摸索中，他们从千万棵杨梅树中筛选出肉感肥厚、甜中带酸的最符合大众口感的杨梅，再通过选育技术将这些独具优势的杨梅树种的优点聚合起来，培育出了我们今天在复合种养系统内最常见的两种杨梅——东魁杨梅和荸荠种杨梅。东魁杨梅生于高山之巅，可高达9米，树冠整齐而适度张开，树势健壮而旺盛，像巨人一般守护着系统内的万千生灵；荸荠种杨梅则主要栽于中低山区，树形与东魁杨梅相比较矮，树势中庸。为了弥补杨梅树投产前树间空隙地的损失，仙居乡民还创造性地在高大的杨梅树下栽种了树形矮小、枝叶肥壮而嫩翠的茶树仙居

仙居碧绿（崔江剑／提供）

沃土育仙梅、佳茗（崔江剑／提供）

碧绿。相传此茶为当地百姓献给越王勾践的贡茶，色泽翠绿、条索细秀，实乃人间佳茗。

自古风水宝地孕育仙果名茶，在培育良好的杨梅品种的同时，仙居乡民也在有意识地寻觅着最适合杨梅和茶叶间作的地块。在长期的试验过程中，他们发现杨梅喜欢土质疏松的酸性土壤，其中以含腐殖质的沙砾土、沙黏土为最佳，而排水良好、通气性强、富含有机质的沙质土壤同样可以为茶树生长提供优质的生长环境。所谓"高山云雾出好茶"，对于同样适应于山地丘陵栽培的杨梅来说，雨水充沛、气候湿润的山区也是它茁壮生长的摇篮。但海拔过高也会影响树木生长，海拔1 000米以上甚至还会造成冻害，因此海拔700米以下最为适宜。杨梅根系浅、树冠大，风力较大易导致杨梅树枝断裂、果实掉落，所以坡向以避风坡最为适合。综合考量之后，仙居乡民循山势、就地形，将古杨梅群复合种养系统选择在了远离城市污染、重峦叠嶂的山岙地带，这里光照和水源充足、土质疏松、坡度平缓，配上良好的基础设施，是杨梅树和茶树健康成长的最佳乐园。

为了方便栽种和管理，乡民们定植前在等高线上根据定植的行株距确定定植点，然后从上部挖土，将平缓的坡地改造为外高内低的半月形小台面，台面宽4～6米，台面外侧修土埂，土埂高约0.3米，宽约0.1米，防止雨水流入下一级。在离台面外缘2/3处挖直径50～60厘米、深度40～50厘米的定植小穴种植杨梅，同一行杨梅的株距保持在7米左右，杨梅树下空隙间地有序而分散地栽种着茶树。为使茶叶更为鲜嫩，茶农还会每年对茶树进行修剪，仙居地区对茶树的修剪更为彻底，往往树根以上部分全部剪掉。待来年茶叶新发，青翠欲滴、鲜嫩无比。高大的杨梅树与低矮的茶树错落有致地间作种植着，有保茶护茶之良效，也没有共同的病虫害，实乃间作的最佳搭档。

2. 梅茶一体　堪称一绝

(1) 充分利用土地资源，提高复种指数

仙居地区所栽种的杨梅树为常绿乔木，树高5～9米。一般情况下一年生嫁接苗种植5～6年后开始结果，8～10年后进入盛果期，投产时间较长；而当地的茶树多为灌木型，植株低矮，一般3～4年正式投产且回报率高，到第5年便是盛产期。这样到杨梅的盛产期时，茶树早已投产5～6年，大大提高了土地的复种指数，增加了经济效益。

(2) 杨梅保暖遮阴，提高茶叶品质

茶树是喜温畏寒的树种，日平均温度稳定在10℃以上时，茶芽便开始萌动，但遭遇早春低温霜冻等恶劣天气时，一些幼茶极易遭受冻害，严重影响春茶生产的收益。杨梅树四季常青，茶树与杨梅树间作后，在厚密的杨梅树叶子的层层阻隔下，冬春两季林内的温度便能得到提高，低矮的茶树叶不易被寒冷所侵蚀，提高茶树的防

"碧伞"护青茶（崔江剑／提供）

冻能力，从而保证春茶的稳产、高产。

夏日炎炎，在连续干旱的情况下，茶树生长便会受到极大危害，甚至会导致茶株死亡。而杨梅树高、冠幅大，像一把绿色的大伞庇护着畏日的茶树，有了杨梅树的遮阴，不仅可以减少林内水分的蒸发、降低林内温度，也能满足茶树喜阴和多漫射光的生长需求。杨梅树浅根发达，主要利用浅层土壤水分，而茶树主要消耗深土层水分，如此便能充分利用土壤中的水分，杨梅树不与茶树争水，又能为茶树遮阳蔽日，实乃"天作之合"。在林内小气候条件改善后，茶叶持嫩性好，秋茶产量和品质也能得到保障。

（3）便于管理和采摘，降低成本

杨梅树和茶树间作，开山整地、除草除虫、施肥浇水便能同时进行，可以减少经济成本和人工投入。杨梅施肥以钾肥为主，茶叶以氮肥为主，二者争肥现象不突出，并且杨梅树和茶树的落花、落果、落叶是纯天然的肥料，可增加土壤中有机质的含量，改善土壤

杨梅仙子采仙梅（仙居县政府／提供）

结构，提高土壤肥力。杨梅和茶叶的收获季节也不同，仙居古杨梅群复合种养系统内的荸荠种杨梅成熟时间为5月底至6月初，采收期为15天；东魁杨梅的成熟期稍晚，6月中下旬成熟，采收期为15天。"明前茶，贵如金"，每当清明前后，大地回春，仙居漫山遍野吐翠，此刻正是"仙居碧绿"的采制时节。一年之中杨梅和茶叶的采收期是完美错开的，如此便能错开劳动力的投入，提高采收效率。

（4）环保"除虫剂"

仙居地区气候温暖、雨量充沛，却也为病虫害的发生提供了"温床"。杨梅树是开散型的中高阔叶树种，冬季保暖、夏季遮阳，能有效改善树下小气候条件。通过杨梅树与茶树的间作，梅茶间作形成了双层群落结构，有利于动植物、微生物的栖息繁衍，极大地增强了林中的生物多样性，并形成相对稳定的、广谱的天敌种群，能有效抑制杨梅树和茶树病虫害的发生，减少了农药防治次数，节约了农药成本，提高了杨梅和茶叶的品质。

（二）互补互促的梅鸡种养

　　仙居古杨梅群复合种养系统中，最活力四射的物种当属大名鼎鼎的仙居鸡。作为古杨梅群复合种养系统中的"除虫大师"和"生态肥生产商"，它担负着系统内害虫的灭杀和部分农家肥的供应。遗产地系统内杨梅树、茶树、各种果树、花草等构成的立体生态空间，植被种类多种多样，可供仙居鸡食用的各种类型的食物来源充足，是仙居鸡完美的栖息地。仙居鸡可以在系统内无拘无束、随心所欲地奔走，系统内包含的各种草类、虫类等饵料，可以让仙居鸡大快朵颐，仙居鸡消化产生的排泄物则成了系统内最优质的肥料来源。庄稼一枝花，全靠肥当家。系统内的杨梅、茶叶等长的枝繁叶茂，各种营养物质含量超出同类产品，仙居鸡的施肥作用功不可没。野外自由自在的奔走、跳跃使得仙居鸡逐渐形成了骨细皮薄、肉质细腻、口有余香等特点。

杨梅林下鸡觅食（崔江剑／提供）

1. 梅林养鸡　模式创新

因为在家中养鸡空间太小，鸡无法自由活动，且易污染环境，仙居乡民便将鸡散养于屋后的杨梅林内。古杨梅群复合种养系统中喂养的鸡是仙居乡民引以为豪的仙居鸡。仙居鸡是当地最具代表性的原生土种禽种，已有数百年的养殖历史，在当地农村随处可见，它们三五成群、雌雄为伴，或嬉戏、或觅

生性活跃的仙居鸡（崔江剑／提供）

食，好不自在。仙居鸡形如元宝，体型虽娇但结实紧凑，觅食力强、就巢性弱、产蛋量高，极适合在山林放养，仿佛天生就是为那充满生机的梅林而生。

在杨梅林内养鸡，仙居乡民主要分两阶段进行。第一阶段为室内集中育雏，30日以内的雏鸡弱小、易生病，无法适应野外恶劣的环境。所以这一阶段主要是依靠人工饲养和母鸡照顾小鸡。第二个阶段为室外喂养，30日后，雏鸡粗毛基本长齐、活动自如，母鸡也会渐渐带领小鸡自己觅食。这时便将小鸡捉入杨梅林，并通过喂食的方式将小鸡引导至固定场所觅食生活。

乡民在杨梅林内搭建鸡舍，方便鸡躲避风雨、早晚休息。鸡舍主要选择在地势高燥、水源充足的地方，或者直接修建在树冠硕大的乔木下。此外，乡民们在一个地方养过1～3批鸡后，便会转移地方再建鸡舍。如此循环往复，既能防止疫病传播，又能避免养殖区域内的植被被鸡过度破坏，也利于杨梅林内生态恢复。放养的适宜季节主要为春夏和秋季，冬季气温过低，便会将鸡转移至房前屋后的室外鸡舍进行半人工放养。

　　仙居乡民在长期的摸索中，掌握了一整套的放养技巧，他们做事谨慎、目光远大，知道凡事过犹不及，极其注意放养密度，不会因为一时蝇头小利而损失长远利益。放养密度过大，杨梅林内的天然饲料便会供应不足，如果人工投饲再跟不上，鸡就会在杨梅林内拼命刨食，破坏地面植被，甚至伤及茶树根系和树上杨梅果实；放养密度过低，杨梅林内杂草、害虫便无法得到有效控制。仙居乡民主要根据杨梅林内天然饲料情况和鸡苗大小灵活确定放养数量，初期每亩杨梅林主要放养鸡苗100只左右，之后待鸡苗长大一些逐渐降低至20～50只。并做好公母搭配，防止公鸡之间相互争斗。考虑到不同季节杨梅林可食植物、昆虫等天然饲料数量以及天气变化等情况，仙居乡民数百年来一直遵循着"喂雨不喂晴，喂晚不喂早"的原则，进行适当地补饲，主要投喂玉米、大豆等山区粗粮，让鸡养成自己觅食的习惯，并为山林除草驱虫。

隐于山林中的鸡舍（仙居县政府／提供）

2．梅鸡和谐　生态高产

（1）节约经济成本，鸡粪肥林

仙居古杨梅群复合种养系统层次分明、广阔立体的空间，有效解决了遗产地农户大规模饲养仙居鸡受饲养场地限制的难题。遗产地内广阔的空间解放了农户的时间，他们只需要将具备自理能力的鸡苗放入系统内，便可集中精力忙于其他农事。粗放的养殖管理并不意味着产出低下，仙居鸡的鸡群在系统内可以更加自由、更加原生态的成长。三五成群的仙居鸡可以随心所欲地在系统内无忧无虑地采食各类害虫，同时自己刨食蚯蚓、捕食蜘蛛以及采食各类植物的嫩芽、果实、种子等，丰富多样的食物来源意味着种类多元的营养元素，仙居鸡成长需要的各种氨基酸、蛋白质、矿物质、微量元素都可以在系统内觅食的时候得到完美的补充。

虽然仙居鸡是人工饲养的优良品种，而丰富的食物来源给养鸡农户减轻了很多负担。养鸡农户只需要日常少量补充一些自己种植或是廉价购买的农作物饲料，就可以完美的解决仙居鸡的食物供应。人工投喂饲料的减少一方面减轻了养鸡农户的劳动强度，另一方面也减轻了养鸡农户购买饲料的经济压力。仙居古杨梅群复合种养系统处于山地，拥有得天独厚的自然屏障，相对独立的生态环境一定程度上屏蔽了鸡群可能感染的各种疾病。系统内清新的空气，清幽的环境加上仙居鸡经年累月的奔走锻炼，故而抗病能力远超圈养的各类鸡种，遗产地农户养鸡基本上不用考虑仙居鸡的病害问题，可以节约一笔不小的开销。

传统农业物尽其用，自然循环的理念在仙居古杨梅群复合种养系统中得到完美体现。遗产地农户千百年以来代代传承，将因地制宜、因时制宜、和谐共生的理念发挥的淋漓尽致。梅林养鸡将肥力优秀的鸡粪就地在系统内还园，这种不可多得的有机生态肥，为杨梅、茶叶生长提供充裕的氮、磷、钾等微量元素。仙居古杨梅群复合种养系统历经千年，至今仍旧生机勃勃。杨梅林、茶树林从未因为地力衰竭而导致树枯地毁，遗产地内农户也未曾因为大量养鸡而有鸡粪污染居民生活环境之虞，这都是系统内各元素和谐共生、完美结合的功劳。

（2）神奇的"杀虫专家"

系统内仙居鸡显得格外活泼可爱，它们有的像机智勇敢的侦察兵三五成群的穿梭在林间搜寻害虫，有的像顽皮玩闹的小朋友三三两两的扑棱着翅膀飞上杨梅树去寻找自己爱吃的虫子。仙居鸡无处不在的活动使得害虫无处遁形，害虫面对它们只能乖乖束手就擒。系统内放养野性十足的仙居鸡，为林内有害昆虫引进了生物天敌，如此不仅降低了各种病虫害的发病率，大量减少化学药品的使用，省时省力，节约成本，也保证了系统内杨梅、茶叶高效、高质量的产出。

（3）肉鲜滋补的仙居鸡

仙居鸡因常年生活在山地梅林之间，日常所食皆来源于山中所孕育的绿蔬与活食，所以仙居鸡鸡冠红润、羽毛光亮、脂肪沉积适中、肉质紧致、鲜嫩无比，实乃美馔佳肴。在仙居当地，有"逢九一只鸡，来年好身体"之说，仙居鸡含有丰富的蛋白质、维生素等，口感和营养均高于普通鸡肉，也是营养价值极高的滋补品。仙居鸡可谓全身是宝，所产绿壳蛋也是一绝。仙居鸡一般在出壳后四个半月就开始产蛋，一只鸡平均年产蛋200个左右，蛋重40~45克，蛋体虽小，但蛋形漂亮、蛋白黏稠度高，口感风味皆高于普通鸡蛋。所以早在2017年，仙居鸡蛋就涨到了2.2元／枚，这是市场对仙居鸡蛋最好的认可。

一跃枝头而啄虫（崔江剑／提供）

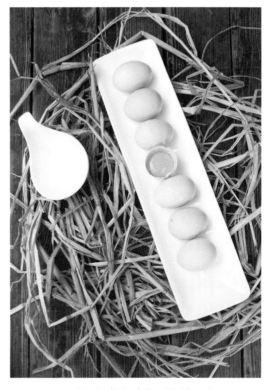

仙居绿壳鸡蛋（崔江剑／提供）

（4）生态效益突出

杨梅林内养鸡，可以实现梅鸡共生、良性循环、节本增效，是一种典型的高效生态农业模式。通过杨梅林放养仙居鸡，建立了一种高效的循环机制。杨梅林给鸡提供了自由活动、觅食饮水的广阔空间。鸡以林中杂草及害虫为食，可控制林中病虫草害；鸡刨食土中害虫和植物的根，使板结的土壤疏松；鸡粪还园，减少了肥料投入，提高土壤肥力；鸡啄低矮的茶树叶片，为茶树修剪枝叶，增加茶树植株间通风和光照。

（三）多维布局的梅林养蜂

仙居杨梅的声名显赫，与其种养结合的农作模式密不可分。据《永嘉地记》记载：早在魏晋南北朝时期，浙江温州的平原地区就已具备了"以蜜涂桶"诱引分蜂群的技术。据此类推，仙居与温州相距不远，且山地养蜂环境更佳、技术难度更小，所以仙居乡民应该也较早掌握了养蜂技术。而且仙居诸多杨梅山上生长着不少零星开花的草本植物，如十字花科、山茶科、五加科等都依赖蜜蜂授粉，这从侧面也说明了当地养蜂历史久远。

在林草环境中养蜂省工省力、经济简便，往往在林下放置简易的木质蜂桶后，就不再耗时打理，所以深得仙居乡民的欢迎。仙居古杨梅群复合种养系统所养的蜂种为土蜂，是中国独有的土蜂。土蜂适应力强，抗寒抗逆抗病能力突出，零星蜜源采集率较高，是复合种养系统内最为勤劳的"园丁"，尤其适合仙居这样的山地环境。山林与土蜂结合、互促互补，效益良多。

土蜂（崔江剑／提供）

土蜂

土蜂，又名"中华蜂""中蜂"。其体型较大，外形长圆，颜色多为黑色。土蜂善采百花蜜，不挑剔，很多野生植物都要靠土蜂来授粉繁殖。

土蜂蜜是土蜂采集森林百花而酿制的蜂蜜，散似甘露，凝如割脂，富含蛋白质、维生素等多种营养成分，具有润肠润肺、养颜解毒、增强人体免疫力等功效。《本草纲目》中记述其是药引的首选蜜，堪称"蜜中精品"，由于酿蜜周期长、蜜源稀少，也被誉为"蜜之珍品"。

土蜂为大自然的生态平衡做出了巨大贡献，但因其固有的生态平衡遭到破坏，数量连年减少。2006年，土蜂被列入农业部国家级畜禽遗传资源保护品种。近年来，地方政府逐渐认识到土蜂的价值，逐渐划出了土蜂保护区。

仙居古杨梅群复合种养系统主要采用"传统站桶饲养法"，仙居乡民们将一个个活顶活底的圆柱形木桶放置于杨梅树下的平缓地带。桶顶盖黑色纱布和木板，黑色纱布可以阻挡光线，让蜂桶内保持黑暗的环境，也能有利于保持温度和调节湿度；木板则用于挡雨。桶底一般放一根食指粗细的树枝，方便土蜂飞入；为了吸引土蜂，仙居乡民还会用白糖和蜂蜜制成糖浆，涂抹于蜂桶内壁上。做完这一切准备工作后，只需将木桶放置在杨梅树下阴凉干燥处，便不必经常打理。这种活顶活底的蜂桶便于蜂农取蜜，提高了蜂农们的工作效率。

每年四月，枝上杨梅花绽放，树下野花芬芳，阵阵清香吸引无数土蜂传播花粉。到了秋季，又是土蜂忙碌的季节，洁白的茶花开满枝头，勤劳的土蜂不辞辛劳，采粉酿蜜。从春到秋，土蜂们忙碌了大半年，只有到寒冷的冬天，它们才会歇下来享受大半年辛劳的

古杨梅系统中的木质蜂桶
（崔江剑／提供）

仙居乡民在查看蜂蜜
（崔江剑／提供）

蜂桶内的蜂巢（冯培／摄）

成果。而质朴善良的仙居乡民深深地体会到蜜蜂劳动的艰辛与劳动果实的美好，他们喜爱蜂蜜却更敬佩勤劳的土蜂，总是会让土蜂们享受过甘甜的蜂蜜后才于立春之后采收上年度剩余的蜂蜜，这种蜜即"过冬蜜"。

相较于"年轮蜜"在冬至前后采收全年累积的蜂蜜来说，"过冬蜜"的采收更利于土蜂过冬和来年春天的繁殖，且无须人工饲喂，更省时省力。待每年立春时节，仙居乡民便开始在繁花争艳的杨梅林内收取一年累积的蜂蜜，每个存蜜满满的箱子可产12千克蜂蜜。这蜂蜜由土蜂采百花酿制而成，集百花之精华，还混有蜂胶、蜂蜡等成分，纯度高、甜味浓。加之酿蜜周期长，蜂蜜呈凝固黏稠的固体状态，古书形容其为"凝如割脂"。因杨梅花和茶花占多数，所以不少蜂蜜细细品尝，还藏有杨梅的甘酸味和茶花的清香。

浙江仙居杨梅栽培系统所在的山地气候十分契合土蜂的"性情"。山地环境远比平原环境更恶劣，但土蜂适应力强，抗寒抗逆抗病能力突出，能完全适应山地较恶劣的生存环境。山区地域面积大，植物繁杂，往往相距很远却仅有零星蜜源，这就凸显出了土蜂采集力强、转化率较高、采蜜期长、饲料消耗少等诸多特长。所以在仙居山地养蜂饲养十分普遍，既有专业饲养（100～500群），也有业余饲养（3～5群至几十群）。不但中青年在养，不少妇女、老人也在养，往往几棵古杨梅树下就有一座土蜂桶。目前浙江仙居杨梅栽培系统中有土蜂 8 500 余桶，从业人员多达 6 000 人，盈利可观，养蜂收入是当地老百姓日常收入的重要组成部分。

（四）物地相宜的杨梅育栽

仙居杨梅从古至今存有一脉相承的栽植传统。历代仙居梅农皆很重视杨梅物性与山地环境的契合，强调在仙居较独特的山区环境里，激发杨梅的优良特性。经过无数代梅农的改进和创新，现仙居已发展了一套精湛的杨梅栽培技术，尤其是育苗和早结果技术，堪称是农业生产中"因物制宜"和"因地制宜"的典范。

1. 嫁接扦插　仙居首创

一般来讲，仙居杨梅新品种选育主要有两种，一种是自然界实生选种，如晚稻杨梅和早荠蜜梅；另一种是芽变选种。杨梅由于其特殊性，只有当芽变枝繁育成苗成年结果后，才有可能被发掘，其选种对象是品种无性系性状变异的个体。仙居乡民经过千年探索和世代传承，率先发明了杨梅无性繁殖的方法。如今，仙居已发展了包括嫁接、扦插、压条、实生、高接换种等多种无性繁殖育苗手段。值得一提的是，仙居是全国杨梅无性繁殖的发源地，尤其是嫁接技术代表了全国最高水平，这种技术既能保持其母株的优良性状，又能利用砧木的优良特性。

杨梅嫁接与多数果树嫁接一样，可在苗圃地集中嫁接后上山定植，也可由砧木上山定植后再嫁接。仙居地区一般采用第二种嫁接方法，聪慧的仙居乡民从7年以上已结果杨梅的优良品种母株上，选取健壮、无病虫害、高产、直径在0.5厘米以上的上部顶端枝条用于嫁接。3月中旬至4月中旬，乍暖还寒，杨梅抽枝展叶，此时便是最适合嫁接的时间，过早因温、湿度较低，接后不易成活；过迟则高温高湿，接活率也不高。最迟嫁接时间不能超过清明后10天，此时因杨梅的树皮及木质部的组织已由柔韧开始变为坚脆，嫁接成活率低，接后虽会发芽，但碰上高温烈日，易受晒死亡。

仙居杨梅一般常采用切接法、劈接法、切腹接法等嫁接方法，小砧木的用切接，大砧木的用劈接。接后用薄膜绑带把接口和接穗包扎起来，套上塑料袋以保湿，外面再绑一层树叶遮阴，以助成活。一般接后10多天会愈合，30多天后开始发芽，此时可先剪开塑料袋。但这时幼芽嫩弱，不耐风吹日晒，须经60多天后，才能逐步去掉遮阴树叶和割开薄膜绑带，让接穗透气转绿。接活定型后，及时除去砧木上的蘖芽，保证接穗正常生长。此外，杨梅的树液流动旺盛，常影响嫁接成活率，特别是大砧木嫁接时，影响更为显著。为了抑制树势，减少根部树液上升，仙居乡民将传统经验与现代科学理念结合，形成了一系列方法技巧来处理这一难题：在嫁接后用锄头或铲从砧木两侧深切，切断部分根系就地嫁接。或在大砧木上留枝缓势，即在主枝上进行嫁接，而另留一侧枝作为"引水枝"把树液引向这一枝条，减缓嫁接部位的树液流动。嫁接成活后，次年即可除去"引水枝"，或在其进上再进行嫁接。

杨梅嫁接（沈伟兴／摄）

通过对接穗和砧木的状态、嫁接的时期和方法、接穗的长度、嫁接期间以及接口愈合期间的气候等各个环节的细致掌控，可保证嫁接成活率达90%以上，远胜于一般杨梅产区的70%左右，即使是6月份时嫁接，成活率也比全国其他杨梅主产区要高。

2. 早熟晚熟　梯度种植

杨梅的开始结果期较迟，一般要到种植后4～5年，而仙居杨梅进入结果期是种植后2～3年，远比普通杨梅的结果期早得多，为各地杨梅的早结果树立了典范。杨梅一般在每年6月前后成熟，果熟后就必须采摘，这就为鲜果采摘、保鲜、贮存、加工和运输、营销等各方面带来很大压力和很多问题，而仙居乡民综合利用各种方法，技术核心包括梯度种植、疏花疏果、整形修剪等，使得所产杨梅，早熟得更早，晚熟得更晚，杨梅采收期可长达1月有余。

(1) 早晚熟品种，交错种植

仙居素有"八山一水一田"之称，山区丘陵地带占仙居的八分县域。群山绵延、层峦叠翠，但总体上却高而不陡、奇而不险，不同海拔高度上均有大片适宜种植杨梅的缓坡。据调查，仙居海拔500米以上的山地可开发平缓坡地10万亩，200～500米低山丘陵10万亩，200米以下低丘10万亩。在这样的地形地理条件下，仙居乡民因地随形，根据不同的山地高度灵活实行梯度开发、巧妙地进行杨梅品种布局。

一般遵循"随海拔增高，果实成熟期推迟"这一普遍规律进行交错种植，从而使种植在不同高度的杨梅成熟期错开，以增加经济效益。具体来说，即根据各品种的特性和成熟期，将早熟品种安排在低海拔、低纬度的南山区，将晚熟品种安排在高海拔、高纬度的北山区，以延长杨梅成熟期。海拔100米以下以荸荠种杨梅为主；

100～300米以荸荠种杨梅为主，配上适量东魁杨梅；海拔300～500米种中熟杨梅，以东魁杨梅为主，配少量荸荠种杨梅；海拔500～700米种晚熟杨梅，以东魁杨梅为主。到每年6月初，当其他杨梅还青涩地躲藏在枝叶丛中时，仙居低山上的杨梅就已经果实累累、果熟蒂落了；到7月中下旬，其他产区的杨梅已陆续采收完毕，仙居的高山杨梅便"隆重登场"，装点暑期的杨梅市场。与慈溪、余姚等杨梅产区相比，仙居杨梅要早7～10天上市，晚10～15天落市，这样早得更早、晚得更晚，具备了一前一后的时间差，杨梅成熟期也达到了近50天，大大延长了杨梅的供应期，极大地增加仙居杨梅的市场占有率和经济效益。

（2）疏花疏果，提高品质

杨梅树虽枝干健壮，但也有相应的负载能力。每年4月，沉甸甸的杨梅花压弯了杨梅枝，花开得多，果便也结得多，这样树体养分消耗大，导致果实发育较差，商品价值不高。因此，仙居乡民会对一些当年花量多的成年树喷洒0.5%盐水，如此盛开的花丝便会受损枯萎，以降低结果率。并且喷洒盐水最好选在晴天或阴天进行，以防雨水稀释盐水浓度而影响效果。到了4月下旬以后，如黄豆大小的杨梅果实陆陆续续挂满枝头，在第一次生理落果后，仙居乡民又要开始忙碌起来，通过人工摘除的手段疏去密生果、小果及畸形果。这样的工作一般要保持在2～3次。在一次次疏花疏果的工作中，锻炼了仙居乡民细心、吃苦耐劳的精神品质，一代又一代传承，才培育出了如今这甘甜可口的仙居杨梅。

（3）整形修剪，立体结果

为了培养良好的树形，使树冠结构合理，仙居乡民费心钻研，在一次次失败中总结了一整套的杨梅树整形与修剪技巧，他们利用一些极其简单的工具，包括家中废旧的长绳、树林中手腕粗细的长枝，当然，更少不了祖祖辈辈传承下来的大剪刀，将老祖宗传下来的手艺和现代科学理念相结合，与时俱进。心灵手巧的仙居乡民们根据杨梅生长的环境条件和生物学特性，将一棵棵杨梅树修剪成自然开心形，每棵杨梅树保持高度2.5~3米，冠径3.5~4米，主枝3~5个，副主枝大小有序地分布在主枝上，绿叶层层叠叠，以此来控制花量和果实产量，改善树冠光照条件和减少病虫害，使杨梅树提早投产，提高杨梅果实的品质。

一些杨梅树的枝干上部生长态势过强而下部过弱，如此过于向上集中生长的杨梅树树冠太高，台风来临时枝干易折断，也不易采摘果实。仙居乡民便会选择生长强壮的作为主枝，在主枝侧下方选择生长势稍弱的枝梢作为副主枝。到了秋季，按树形的要求，选择恰当的距离在地面上深插树桩于土壤之中，将绳子一端系于副主枝中部，另一端系于树桩之上，将枝条向水平方向拉开。通过拉枝这一技术对杨梅树枝及时进行调整，使树冠由郁闭状态转为开放状态，可以削弱枝梢的生长势，开张的树势能更多接触阳光空气，有利提早开花结果。

每年6月，碧绿的杨梅枝头硕果累累，仙居乡民在享受收获之喜的同时，也为这被压弯了腰的杨梅枝愁眉不展。于是他们创造出了撑枝这种技术，利用山林中废弃的坚固"丫"字形树枝撑起杨梅枝干，如此便能使杨梅枝干向四周及上方伸展，树冠内阳光通透性更好，结出的杨梅果实也更优质且丰产稳产。

在乡民们的细心呵护下，杨梅树迅速生长，生性洒脱的仙居乡民并不会过多干预杨梅树的生长，他们多以粗放型的方式来培育杨梅树，让杨梅树在自然原生态的环境中生长，只有当树体的大部分养分都用于上部枝条生长、偏离他们预期效果时，他们才会挥动手中的大剪刀，根据杨梅的生长、开花结果的习性，对一些树冠凌乱、高大郁闭的杨梅树进行简单修剪，以此来缓和树势，促使下部枝条横向粗壮生长，为杨梅树的丰产、稳产提前做好准备。

杨梅拉枝（冯培／摄）

杨梅撑枝（冯培／摄）

　　成年杨梅的修剪分两次进行，第一次修剪在夏季果实采摘完毕后进行，以降冠为目的，每年锯除树冠顶部的直立性枝序1～2个，同时剪去树冠外围密生枝、交叉枝、回缩拖地枝，促进树体开心通透，防止树枝对果实生长期间营养的掠夺，以此提高杨梅树产量。大枝修剪后，心细的仙居乡民还会用布片、稻草等对裸露的枝干进行包扎保护，以免枝干晒伤晒裂。第二次修剪是在秋冬季，主要将一些可能影响果树生长与越冬的病枝、衰弱枝以及虫枝进行清理，为一些生长能力强的树枝提供更好的生长环境。之后则是针对果树树冠中生长过于繁茂的树枝、无花的树枝清理干净，减少花量，集中养分，保持果树树冠的整洁性，提高坐果率。

　　被这一方山水养大的仙居乡民生来随性，却也恪守原则，他们就像是慈父严母，用最适合的方式培育如他们孩子一般的杨梅树，并不过多干预却时刻关注，必要时又会参与其中，让杨梅树朝着更好的方向生长。所以他们对于杨梅树的修剪也不是随意而为，有着他们的原则。

　　首先，因树制宜。细心的仙居乡民总会注意到不同品种的杨梅树之间的差异性，然后"对症下药"。对于生长势强的东魁杨梅，在其幼树初期时，主要采取多摘心、少疏删的修剪方式，促发枝梢。在其幼树后期及结果初期，又会适当转变策略，换成少剪多放的疏删修剪法。对于长势中庸的荸荠种杨梅，则又采用生长与结果兼顾、疏删与短截相结合的修剪法；对生长势弱、过于安静的杨梅品种，采取先短截后长放的修剪法，促进开花结果。树龄不同的杨梅树，修剪方法也有所区别。幼树以整形为主，修剪宜轻；初结果树以轻剪、疏剪为主，少短截，促进结果；盛果期果树修剪则要疏删短截相结合，以保持树势健壮，延

杨梅剪枝（林滔／摄）

长经济寿命；衰老树以回缩为主，以促进更新复壮。

其次，控上促下，控外促内，抑制顶端生长过于旺盛的杨梅树，促进树势开张，缓和树势，切忌剪下不剪上，剪内不剪外。再次，去直留斜，去强留中庸。多剪直立枝、强枝、徒长枝，使树体保持中庸树势，有利结果。在仙居乡民的细心呵护下，那一棵棵争气的杨梅树最终大放异彩，在全国乃至世界杨梅中脱颖而出，终不负"仙居父母"的殷切期望。

3. 生态防害　保证品质

（1）罗幔覆盖，防水防鸟

每当杨梅即将成熟之际，在仙居大大小小的山头，头顶"白色帽子"的一株株杨梅树，相伴青山绿水间，景色极为诱人。这是仙居乡民在杨梅采收前40～50天，所用的罗幔覆盖栽培技术。每年五

六月气温渐高，甘甜可口的杨梅果实逐渐由绿转红，一棵棵诱人的
"红宝石"挂满枝头，吸引了众多果蝇和鸟类的"光顾"，尤其是到
了采收后期，有些杨梅果实完全成熟而坠地，更是引得果蝇、鸟类
漫天飞，这样不仅造成杨梅产量下降，被鸟类啄食后的杨梅更容易
感染虫害，喷洒农药治虫，也只会给杨梅果实带来更多的农药残留。
机智细心的仙居乡民从日常生活中的蚊帐中深受启发，将为他们阻
挡蚊子的罗幔用来给杨梅树挡蝇避鸟，可以阻隔绝大部分害虫和鸟
类入侵，也避免农药的使用。同时，杨梅是喜阴耐湿的作物，罗幔
就像一把晴雨伞，晴天为杨梅遮光保湿，雨天又避雨保温，极大保
障了杨梅果实的正常发育，提高了杨梅的品质。

罗幔覆盖杨梅（仙居县政府／提供）

（2）病虫害防治，生态先行

每至仲夏，酸甜可口、色泽艳丽的杨梅如小灯笼般挂满枝头，
令人垂涎欲滴，但病虫害也让仙居乡民不堪烦扰。于是早在2010年

时，当地政府便投入资金800万元，购买杀虫灯1 000盏、诱虫色板万块，发放到97个杨梅生产重点村。此外，当地百姓还会使用糖醋液、人工捕杀、天敌控制等物理技术、生物防治技术捕杀害虫，做好杨梅绿色防控，杜绝农药使用，生态高效，省力省钱。

剪枝挖根 杨梅枝、根易生病害，如癌肿病、干枯病、枝腐病主要为害杨梅树枝，根结线虫病、根腐病主要为害杨梅根系。所以仙居乡民极其重视杨梅树的整形修剪，一般于冬春季剪除枯枝、病枝，改善园内通风、透光条件。对于受病害侵蚀的杨梅根系，则是及时挖除重病根株，并集中烧毁。

杀虫灯防治 为做好仙居杨梅绿色防控工作，全县投产果园基本上都架设了频振式杀虫灯，对杨梅害虫金龟子、蝶蛾类的诱杀效果极为明显。在5～6月闷热天气的傍晚，利用有翅蚁、蝶蛾等纷飞出巢时的趋光性，在杨梅园每隔50～60米设立1盏黑光灯，灯下放一盆水，水面上放一层柴油，或使用频振式杀虫灯进行诱杀。

黄板诱虫 杨梅坐果后，在果园外围四周悬挂黄板，利用果蝇、粉虱等害虫的趋黄性，在每棵杨梅树悬挂1～2张黄板，进行害虫黏杀。

人工捕杀。杀虫灯、诱色板虽然高效，有时仍会有"漏网之鱼"，杨梅的栽种本就不需要过多的人工干预，这也为仙居乡民腾出来更多时间来处理虫害。仙居当地一直有着不使用杀虫剂的传统，所以对于一些虫体

黄板诱虫（仙居县政府／提供）

较大、虫数较少的害虫，多采用人工捕杀。狡猾的金龟子常于夜间出来觅食，遇到天敌或在环境有较大变化时，常以假死来保护自己，所以仙居乡民不辞辛劳，常常夜间来到杨梅林，摇动树体，使金龟子振落然后再捕杀。对一些为害杨梅树叶片的蝶蛾类害虫，主要通过人工摘除叶片消灭幼虫，或在幼虫孵化前采集卵块以销毁；对于为害杨梅根茎及树干的白蚁，一般在冬季挖掘蚁穴，或朝穴内灌水，从根本上消灭蚁害。对于祖先留给他们的这一方绿水青山和生计来源，仙居乡民总是小心翼翼地呵护着，亲身躬行捕杀害虫，这才有了如今冠绝一方的仙居杨梅。

毒饵诱杀 在果实成熟期，果蝇等害虫常常吸食杨梅果汁，破坏杨梅果肉，所以仙居乡民常利用其喜甜性对其进行诱杀。当杨梅果实进入第一生长高峰期，仙居乡民一般用敌百虫：香蕉：蜂蜜：食醋按10∶10∶6∶3的比例配制成诱杀剂，装广口瓶装液置于杨梅园内，每公顷杨梅林放置100～150个诱虫瓶吸引果蝇等害虫。并定期清除诱虫瓶内的害虫，每周更换1次诱饵，高效省时。或用松香7份、红糖1份、机油2份，混合后涂于绳子或防水的纸上，挂于树间，吸引果蝇等。

杨梅树梢挂毒饵（仙居县政府／提供）

清理落地果实 杨梅成熟前的生理落果和成熟采收期的落地烂果，极易招惹果蝇，此时仙居乡民一般会将仙居鸡放入园内啄食落果，同时利用人工及时捡尽园中落果，并带出园外喂鸡，以避免雌蝇大量产卵繁殖后返回园内为害，一举两得，增效节本。

杨梅褐斑病（冯培／摄）

药包诱杀。以甘蔗粉为主料，拌入灭蚁剂，用薄纸包成小包，放在杨梅树干旁，盖上塑料薄膜，再盖上嫩柴草，诱白蚁啃食而中毒致死。

杨梅主要病虫害

杨梅病虫害众多，病害包括褐斑病、癌肿病、根结线虫病、干枯病、枝腐病、根腐病、赤衣病、枯梢病、肉葱病和白腐病等；虫害包括蓑蛾类（大蓑蛾、小蓑蛾、白囊蓑蛾）、蚧类（杨梅柏牡蛎蚧、牡蛎蚧、樟盾蚧）、黄小叶甲、蝶蛾类（卷叶蛾、枯叶蛾、小细蛾、尺蠖）、星天牛、褐天牛、白蚁类和果蝇等。

杨梅褐斑病，又名炭疽病、杨梅红点，主要为害杨梅叶片。初期在叶面上出现针头大小的紫红色小点；以后逐渐扩大为圆形或不规则形，病斑中央呈红褐色；后期病斑中央变为灰白色，严重时会引起大量落叶，苗木成活率降低。

癌肿病，俗称杨梅疮，主要为害杨梅树干。发病初期树枝上会出现乳白色小凸起，表面光滑。以后逐渐扩大，形成表面粗糙、质地坚硬的肿瘤，呈褐色。侵害枝干，形成许多大小不一、表面粗糙的肿瘤。受害植株树皮粗糙开裂，严重者还会导致全树枯死。

根结线虫病，主要为害杨梅根部。发病初期果树侧根及细根会形成大小不一的圆形或椭圆形根结，小如米粒，大如核桃，表面光滑，切开根结可见乳白色囊状成虫及棕色卵囊；发病后期，根结逐渐变黑腐烂，根结量减少或产生次生根结，根系盘结成须根团。严重时造成叶色干枯脱落，枝条枯萎，全株死亡。

黄小叶甲，幼虫、成虫蚕食杨梅叶芽、新梢。常食半成熟叶片上部1/3处下表皮，致使叶片枯焦，远看似火烧，严重时叶片全部被吃光。一般不为害成熟叶片。

白蚁，主要有黑翅土白蚁和黄翅大白蚁。主要蛀食杨梅树的根茎及树干木质部，并修筑孔道，使树体严重受伤，阻碍养分、水分输送，最终导致树势衰弱或树体死亡。尤以老树树干被侵害严重。

黑腹果蝇，又称红眼果蝇，为害杨梅果实。当杨梅果实由青转红、果质变软时，成虫便产卵于肉柱间，后孵化成幼虫，驻食果实。受害果表面凹凸不平，果汁外溢，果实脱落，从而导致产量下降、品质变劣。

（五）生态平衡的水肥管理

浓荫低树，清溪通云路。最迟从唐代开始，仙居乡民便在山地上栽梅成林，并修建相应的水利灌溉工程，传至今日。虽已历经千年岁月，但仙居杨梅山上依旧四季常青、地力不减，一个重要原因就是当地乡民在水土保持和土壤管理方面的重视与创新式的管理。由于浙江仙居杨梅栽培系统本身就具有良好的水土保持、涵养水源、土壤增肥和疏松、控温增湿、控草除虫等生态功能，可以基本实现水、土、肥的自我循环和自给自足，所以当地乡民并不会过多地干

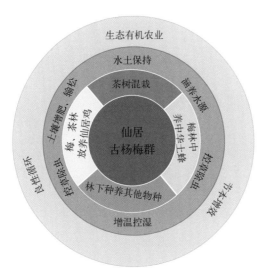

生态循环图（余加红／绘制）

预系统的自我运行，仅在保持生态平衡的前提下，因地制宜地采取一些辅助性的管理手段，以配合和加强复合种养系统水、土、肥自我供应的能力。

1. 等高密植　保水固土

仙居地处浙江东部，常遭受台风、水灾、旱灾等恶劣天气影响。古杨梅群复合种养系统作为整个仙居的一道自然屏障，通过在山体空间内合理配置生物资源，充分发挥系统内各种动植物利于水土保持的物性及其相互之间的配合，以此来守护仙居这个千年古邑。因而仙居境内少有山洪暴发等危害，受台风影响也较小。

（1）间作套种，合理种养

古杨梅群复合种养系统中，杨梅与茶树都是常绿树种，培育高低常绿树种搭配的林地等同于培育一片生态公益林，具有良好的水土保持功能，尤其是杨梅树，被喻为水土保持"先锋"树种，常被栽造水土保持林。杨梅的浅层根系十分发达，能有力地固着土壤表层；根具菌根，可增加土壤的隙孔和通透性，从而扩增土壤层保水涵水的空间。同时，杨梅树干挺拔、树冠浓密，枝叶覆盖空间很大，可大大阻缓雨水的冲击力和溅蚀作用。

在仙居，无论是种植杨梅，还是梅茶套种，都尽量采取等高种植，树与树之间、间距合理，上下土坑之间呈鱼鳞状排列。鱼鳞坑的技术难度不高，用工省，尤其在陡坡和复杂地形，人力、物力不足的情况下，仙居乡民一般都会修鱼鳞坑以保持水土。鱼鳞坑建立了比较稳定的坡面沟垄相间系统，可以增加杨梅林的地表粗糙度，减缓林内地表的径流速度，从而降低地表水流对表土的冲刷，维护土壤稳定。而且在暴雨时节，每个土坑都可适当积水，截流坡上方流下的水，可作为天然的蓄水池用作灌溉，提高抗旱能力。梯地表土不像山坡地那样易被雨水冲刷沿坡流失，保水保肥能力增强，利于地力培肥。此外，构筑梯地改变了落后的顺坡耕作习惯，减少了人为的土壤下移，也有利于保持水土。

（2）树盘覆草，地膜覆盖

幼树栽种后，仙居乡民便会于6月中下旬高温干旱来临前，在树盘覆盖10～15厘米厚度的绿肥嫩柴草、杂草等，用泥土压住，防止被风吹走。覆盖物距离杨梅树主干30厘米，以免虫害或腐烂发酵灼伤树干。成年杨梅树则是在果实采摘之后、高温干旱季节来临前进行树盘覆草，能起到稳定土温、保持土壤疏松透气、减少地表径流、增加有机质的作用。对于树冠覆盖度大，不能套种绿肥的园地，一般任其自然生草，在台壁以及鱼鳞坑外的空隙地选留良性草，在其旺盛生长期人工铲除恶性草。这样不仅省时省工，还可防止水土流失，改善果园生态环境。在郁郁葱葱的杨梅林中，厚密的嫩柴草、杂草等覆盖于山体表层，犹如高山的一层厚厚的绿衣，既保护土皮阻挡雨水的冲击，又可提高土壤的粗糙度，减缓体表径流速度。此

漫山遍野的蕨类植物（冯培／摄）

地膜覆盖（仙居县政府／提供）

外，这些草料还可作仙居鸡的饲料，腐烂后还是杨梅林的肥料。

在杨梅开花前的2月份，仙居乡民会选用无毒、耐用、透气的地膜，覆盖在杨梅树下，起到控温增湿的作用。春季低温期间采用地膜覆盖白天受阳光照射后，0~10厘米深的土层内可提高温度1~6℃，最高可达8℃以上。由于薄膜的气密性强，地膜覆盖后能显著减少土壤水分、养分的蒸发和流失，使土壤湿度稳定，并能长期保持湿润，有利于根系生长。由于地膜覆盖有增温保湿的作用，因此也有利于土壤微生物的增殖，加速腐殖质转化成无机盐，有利于杨梅树吸收。此外，仙居临海，每年夏季常遭台风侵害，仙居乡民常常在台风暴雨来临前，全园覆盖薄膜，膜下土壤干燥坚硬，台风来时树体不易摇动，树体被台风刮走的概率也大大降低，可起到固树抗风，减轻台风暴雨的危害。采前覆盖还可降低土壤水分含量，提高杨梅品质。

竹筒引水（冯培／摄）

（3）开沟挖坑，蓄排结合

杨梅好湿喜阴，抗旱能力较弱，生长期间需要大量水分，水分不足便会影响当年的果实产量及品质。杨梅树需要水分，但也不是水分越多越好，长时间降雨易造成园区土壤含水量偏高，此时便要及时排水，否则容易出现霉根、叶黄枝枯，甚至全树死亡，适当缺水也能促使杨梅树根系往深处扎。仙居乡民以利于水土保持为原则，以蓄为主，引、提为辅，蓄排结合，保证干时能蓄水、旱时可灌水。

仙居杨梅树多种植于山坡之上，乡民们合理规划水渠，形成了一整套完备的灌溉排水系统。他们利用天然水沟，依山势及自然水流路径，有时也会在地势低处或道路旁，人工用石头修砌水沟。在果园上沿与林木交界处，开一条环山防洪沟，连接总排水沟，防止洪水冲坏果园，防洪沟大小视上方集雨面积而定。每行台地内侧，均开宽30厘米、深20～30厘米的水沟，每隔2～4株杨梅树挖一小型蓄水坑，连接而成竹节沟，使大水能排、小水能蓄。杨梅林内也会零散地摆放着一些水缸用于收集雨水。

2. 熟化土壤　科学施肥

土壤是杨梅生长的基础，杨梅是多年生果树，对土壤有一定的肥力要求，遗产地土质肥力虽基本能满足杨梅树正常生长发育，不过若要进一步提高产量，则需要适当加强土壤管理。果园土壤管理就是不断改良土壤、熟化土壤，提高土壤肥力，创造有利于杨梅根系生长的水、肥、气、热条件。改良土壤最有效的方法就是适当深耕并结合施用有机肥。种植绿肥植物、生草覆盖、适时中耕，都有助于提高土壤肥力。

（1）园地培土，深翻扩穴

部分成年山地果园，特别是陡坡地杨梅园，水土流失比较严重，土壤侵蚀剧烈，因而土层浅，根系容易暴露衰老，若采用深耕改土，可能由于伤根而影响树体生长，见效又相对较慢，而通过培土可以保护根系，扩大根系伸展范围，达到增强树势，优质丰产的目的，因此园地培土是土壤管理的有效措施之一。具体方法：培土一般在冬季进行，就地挖掘山地表土、草皮泥和施焦泥灰挑客土等，每年或隔年加厚根部土层5～10厘米，一次培土不宜太厚，以免影响根系生长。

深翻扩穴是熟化土壤的主要措施，能改善土壤结构，把根系尽量引向深处，充分利用土壤的水分和养分，促进土壤有机质和矿质肥料的分解和转化，提高树体的营养水平，增强树势，提高品质。

一般结合施肥进行翻耕与除草，然后给树坑盘铺上杂草，可改变树冠下被雨淋、脚踏造成的土壤板结，增强土壤的蓄水保肥能力，提高树体抵抗干旱的能力。现在定植杨梅，一般定植穴挖得不标准，比较小，杨梅成活后，随着树冠的扩大，根系扩展将受到阻碍。因此，成活后要每年拓宽定植穴，使根系扩展有一定的空间。具体方法是从第二年开始，每年2~3月或冬季结合施肥，在原定植穴基础上向外扩展，铲除杂树、柴根及杂草，以利根系和树冠的生长。采用鱼鳞坑栽植的，由于外侧土壤比较疏松，不必深翻，只需在内侧和株间进行深翻。扩穴深度保持在30~40厘米，宽度40~50厘米，以根系生长不受影响为度。在扩穴开沟时应把表土单独堆放，翻新土层时应将周围枝叶、杂草绿肥及农家肥压入新土层中，然后覆回表土，以增加土壤有机质，改善土壤结构。对定植多年而又从未进行过深翻的大树，原则上要求一次性全园深翻，深度以15~30厘米为宜，近树干处浅些，树冠外围可翻深些，尽量少伤粗度为1厘米以上的骨干根。

（2）间种绿肥，土壤培肥

土壤肥力的主要物质基础之一是土壤有机质。有机质在分解时，能释放氮、磷、钾及微量元素供植物生长发育，同时也能改善土壤的物理性状，提高土壤保肥、保水能力。增加土壤有机质的有效途径主要是增施有机肥，但适合杨梅施用的有机肥范围比较窄，以草木灰、焦泥灰最适宜，腐熟的人粪尿、豆饼、棉仁饼，绿肥等较为适宜，农家肥中的草木灰和菜籽饼肥，其矿质营养元素比例最适合于杨梅的生长。杨梅本身就耐旱耐瘠、省工省肥，其根系能与放线菌共生形成根瘤固氮，吸收利用天然氮素；杨梅和茶树根系可疏通土壤基层，增加通透性；枯叶物与草本植物覆盖，仙居鸡所产粪肥等皆是优质的肥料，所以只需要有限而适当的土壤管理即可，如中耕、除草、翻土等。此外，仙居乡民还利用行间隙地每年应多季种

杨梅林内种植波斯菊（仙居县政府／提供）

植绿肥作物，3～4月气温稳定在10℃以上时播种藿香蓟、印度豇豆或波斯菊等，在6月中下旬伏旱来临前刈割覆盖树盘。9～10月一般播种抗寒性较强的红花苜蓿，次年春季翻耕入土。

　　科学施肥是保证杨梅无公害生长、提高果实数量和饱满度的关键，一旦施肥时期不对，就会影响整个树木的生长，影响果实质量。一般全年施肥2～3次。第一次施肥是在杨梅萌芽抽梢前的2～3月份，以钾肥为主，配施氮肥，这次施肥是为了满足杨梅树萌芽、春梢生长、开花及幼果生长发育所需的营养，以利坐果。尤其是花量多、结果多的大树，这次追肥后，既能补充开花及幼果生长所需养分不足，又促进春梢的发生量。第二次施肥是在采果后，在仙居乡民辛勤劳作一年后，杨梅树蓄势待发，一年只为那一次的果满枝头。这一次结果也消耗了树体大量的养分，乡民们便会在采果后为他们的"功臣"施肥，嘉奖辛苦付出的杨梅树。可以说此次施肥是全年最重要的一次施肥，也是全年的基础肥，有利于迅速恢复树势，提高叶片的光合效能，增加营养物质的积累，促发足量的夏梢和促进更多的花芽形成。施肥量应视树势强弱和结果量而定，一般株产50千克以上的杨梅树需施焦泥灰40～50千克、草木灰20～40千克，加饼肥1～2千克。饼肥经过腐熟后与灰肥拌均匀，在树冠滴水线处挖深30～40厘米的环状沟施入。另外，由于南方山地红壤酸度较大，土壤pH较低，既影响杨梅根生长，又影响到水溶性磷的吸收。一般每株还会施用不超0.5千克的石灰，既可降低土壤酸度，提高土壤pH，又可提供大量的钙元素，促进杨梅根系发育。冬季时在树冠内撒施石灰，还可起到防虫、防病的作用。第三次施肥是秋施基肥，时间大致在9～10月份，此时正是杨梅根系生长的高峰时期，施用基肥可以促进根系生长，为杨梅树花芽分化和来年的开花结果提供充足的营养。此次施肥主要以堆肥、饼肥、家畜粪等有机肥为主；低氮低磷高钾，同时可加入一定量的硼肥。不仅能恢复树势，全面提高树体营养元素，而且有利于花芽分化的顺利进行。

在一定的区域空间内，将杨梅、茶树、仙居土鸡、中华土蜂等多种农业生物资源进行合理和谐的配置，突破水平维度和单一模式，从而实现农业生产的多样化与立体化，是浙江仙居杨梅栽培系统的核心知识与技术体系。这样的立体式布局，能最大化地利用山地区域内的光、热、水、土、肥等自然资源，不仅可以有效规避山地相对恶劣贫瘠的农业生长环境，而且可以提高生产效率。复合种养系统可容纳10种以上的农业生物，物质供给能力强，可在同一个农业生产周期内同时产出丰富而多样的农产品，包括杨梅、茶、土鸡与鸡蛋、蜂蜜等。

浙江仙居杨梅栽培系统堪称空间生物资源合理配置的典范，光蓄纳超过10种以上农业生物这一点，就很少有立体农业或循环农业模式能够做到。而且，如此丰富的农业生物，并不是简单地组合或叠加，而是依据生物链原理和不同的生物性进行有机组合，各个生物之间和谐共处、物性相宜、配合默契。总之，以杨梅树为系统核心物种，并在横向与纵向空间内，配置有机绿茶、仙居鸡、土蜂等多种具有地域特色的物种，实现系统的多层次、高效率利用，是仙居乡民千年实践的智慧结晶。

四

叠翠映红　斑斓画卷

　　仙居古杨梅，历经千年沧桑，其踪迹遍布县域全境，多至漫山遍野，成梅林盛景；少则房前屋后，为一枝独秀。杨梅不仅成为仙居人民生活中不可或缺的一部分，也是仙居自然景观中浓墨重彩的一笔，更是仙居自然生物圈内营造优美景观和维护和谐的倾城佳人。杨梅之外，山深、林茂、水秀，山有奇险清幽，林则品类繁盛，水则灵秀隽美。如此山林水景，再加之杨梅叠翠映红，构成了一幅生态和谐、斑斓多彩的仙境画卷。

仙居四季景观（杨国栋／摄）

（一）幽深奇崛的群山原景

　　仙居地处浙江东南连绵山地之中，仙霞岭延伸至缙云、仙居交界处分叉，自西向东绵延伸展而去，在仙居境内形成南北对峙的钳形状。南为括苍山，主峰米筛浪，海拔1 382.4米。北为大雷山，主峰青梅尖，海拔1 314米，下各、城关、田市、横溪4个面积较大的河谷平原分布其中，永安溪亦自西向东将其串联成带。幽深奇崛的连绵群山为古杨梅的生长、繁衍、栽培提供了不可多得的生态环境。此外，也造就了仙居颇负盛名、险峻俏丽、奇曲清幽的自然生态景观，为古杨梅群复合种养系统景观平添了几分姿色。

1. 天地眷顾　气候极佳

仙居得天地之眷顾，拥有不可多得的气候条件，加之大自然的鬼斧神工，造就了仙居境内幽深奇崛的群山景观，其势不输太行之险峻，其姿不逊峨眉之秀色。此地的气候、土壤、水文便是造就这群山原景的重要力量。

仙居县属亚热带南缘海洋性季风气候区，其特点是四季分明，无霜期长，热量丰富，温暖湿润，雨水充沛，水热同步。年平均气温18.3℃，1月份平均气温5.6℃，7月份平均气温28.5℃。全年无霜期240天左右。历年平均降水量2 000毫米左右，呈双峰型分布，前峰为梅雨，后峰为秋雨，降水的空间分布不均匀，南部多于北部，东部多于西部。春夏雨热同季，秋冬光温互补，气候总体上呈现"冬无严寒，夏无酷暑"的特点，光热水条件十分理想。同时，因受火山流纹岩的独特地理地貌的影响，气候垂直分异规律明显。夏秋高温季节，括苍山、大雷山海拔较高处比河谷平原气温低5℃以上。虽然境内气候温和，雨量充沛，但全年降水量分布不均匀，4~6月为梅雨季节，占全年降水量的39%，7~9月为台风季节，占全年降水量的33%，10月至次年3月为枯水期。夏季在副高压控制下，常出现久旱天气，干旱年份7~8月总降水量仅占全年的4.7%。

仙居境内土壤主要有黄壤、红壤、水稻土、潮土四大类。海拔800米以上的山地分布的土壤类型主要是黄壤土，土体呈黄色和蜡黄色，成土母质风化较深，有机质含量较高；海拔800米以下分布的土壤类型以红壤为主，其中700～800米保存着年代较久的红壤土类，土壤呈红、酸、黏、瘦等特征，土层深厚；700米以下山地以粉红泥土、紫粉泥土或石砂土为主；在海拔200米左右的低丘，分布的多数是红砂砾岩、红砂岩或钙质紫红色砂叶岩风化发育而成的红砂土或红紫砂土；在永安溪两岸，分布着少量潮土，母质为溪流的冲洪积物；水稻土由人工耕作改造而成，各高度均有分布，主要分布在永安溪两岸地势较平坦处。土壤有机质含量高，酸碱度适中。独特的土壤环境，特殊的山间盆地地形，较适宜杨梅生长。

　　高大连绵的括苍山脉和大雷山脉，幽深的山沟、山谷地貌，造就了南北两翼高、中间低的地形特征，也带来了优越的水文条件。仙居母亲河永安溪从县境中部自西向东穿过，纵贯全县与始丰溪在临海三江村汇合后入灵江。永安溪全长141.3千米（仙居县境内116千米），流域面积2 702千米²（仙居县境内1 983.7千米²），占灵江水

永安溪漂流（张福华／摄）

系流域面积的47.1%。永安溪在仙居县境内共有大小支流38条，呈树枝状分散型从南北两个方向汇入干流，河道密度平均0.23千米/千米^2。其中较大的支流有盂溪、朱溪港、北岙溪、二十都坑、十三都坑、十八都坑、九都港、六都坑、四都坑、杨岸港和苍岭坑等。永安溪属典型的山溪性河流，河床比降较大，流速快，水位浅，干流两岸有一定宽度的河漫滩地。永安溪径流特点：蓄渗能力较强，产流时间快，汇流迅速、集中、流量大，暴涨暴落时间短，径流量丰沛，历年平均径流量21.45亿米^3。永安溪中游柏枝岙水文站，曾测得最大洪峰流量7 840米^3/秒，而干旱年份则可能出现断流，柏枝岙多年平均流量为72.4米^3/秒，据有关资料记载：流经仙居城关的水量占永安溪流域的90%，最枯月平均流量为2米^3/秒。

无论是温润优越的水土气候，还是常年川流不息的永安溪，都为仙居形成奇美壮观的山地胜景、古杨梅群复合种养系统奠定了堪称完美的物质环境基础。一方水土养一方人，长久以来，仙居人一边品尝着甘甜的杨梅，一边欣赏着美轮美奂的仙境胜景，同时也以其灵感和智慧不断传承着古老的杨梅文化。

2. 北宋仙居　浙东圣境

仙居是一座古老的县城，历史悠久，文化底蕴深厚，距今已有1 600多年的历史。早在东晋永和三年（公元347年）便设县治，初名乐安，后隋、唐间废立轮转，至五代时，属吴越所辖，宝正五年（公元930年）改名永安。宋代，仙居佛道盛行，成为著名的宗教圣地之一，当地亦有得道成仙的神奇传说，宋真宗听闻后，以仙居"洞天名山屏蔽周卫，而多神仙之宅"于景德四年（公元1007年）下诏改县名永安为仙居。当地百姓为祈求永世安宁，遂将穿境而过的母亲河命名为永安溪，此二者之名皆沿用至今。

仙居县地处浙江省东南部，台州市西部，靠近东海，东连临海、黄岩，南邻永嘉，西接缙云，北靠磐安、天台，在北纬28.5°～29°，南北直线距离57.6千米，东经120°～121°，东西直线距离为63.6千米。仙居县域总面积达2 000千米²，其中丘陵山地面积达1 612千米²，占全县总面积的80.6%，森林覆盖率达79.6%，真可谓"八山一水一分田"。仙居地形从外向内倾斜，略向东倾，大小不等的谷地和盆地错落分布其间。此外，境内群山起伏、绵延跌宕，既有渊渟岳峙之姿，又有空谷幽深之貌。县境北部为大雷山，南面为括苍山，境内海拔1 000米以上的山峰有109座，群山层峦叠嶂，占地广、海拔高，构造复杂独特、地貌地形多样，大多具有火山流纹岩的地质特征，从而形成了诸多如同神仙居的山峰胜景，无论远观，还是近赏，都让人流连忘返，为之惊叹。大面积的山林系统也为古杨梅的千年传承提供了必要的生长环境，现在的古杨梅群复合种养系统的农业遗产景观便是在此山地原貌景观中成长而来。

括苍山俯瞰（徐小凤／摄）

仙居县南的括苍山为浙江东部最高峰，也是千年名山。《唐六典》中便将其列为江南道教名山，因"登之见苍海，以其色苍苍然接海"而命名为括苍。括苍山多奇峰怪石，清泉洞府，因而令无数乐山乐水的文人志士所神往，前往此处探索的修道者自古以来便络绎不绝。

据说从下汤文化时期括苍山就已有了仙山名气。位于仙居境内的括苍山系延脉之韦羌山，又名天姥山，"姥"即"母"，"天姥"则为"女神"的意思，说明古代仙居先民便有对女神的崇敬和信奉，女神亦是古越族人的女祖先和保护神。在仙居临近的嵊州、缙云、天台、宁海以及福建的漳浦、福鼎等地也有天姥山之遗名，而上述地点皆为古越族人所活动的范围。彼时，人知其母而不知其父，女神则至高无上，亦是人们精神之寄托。现今，纳西族仍奉女神便是最好的例证。由此可见，括苍山之仙名由来已久，因此，在道教兴起之后，无数修道之士便前往括苍山寻仙问道。有人认为，道教中所传说的瑶池西王母，即仙居麻姑岩的麻姑仙子。

道教是深深植根于中华文化沃土的本土宗教，具有深远而广泛的影响。经千年繁衍发展，中华大地共有十大洞天、三十六小洞天、七十二福地，而位于括苍山的括苍洞便是第十大洞天，足见其在我国道教的发展历程中具有极高的影响力。括苍洞亦名凝真宫，地处括苍山主峰米筛浪山脚，坐落在仙居县下各镇羊棚头村西山，其历史可以追溯到东汉时期，太极真人徐来勒到括苍洞任职，据说其总管周围三百里的水旱罪福。到东晋年间，仙居始建乐安县，首任县令羊忻（湖北襄阳人）之弟羊愔听闻此处乃仙山福地，加之兄长在此，便欣然辞去夹江县尉之职，来到括苍洞潜心修道，传说其最后得道成仙。于是，括苍洞的仙名更为响亮，在唐宋时期达到鼎盛。从唐至宋，先后有唐玄宗、宋真宗等六位帝王对括苍洞赐名、赐物，"凝真宫"之名便是宋真宗所赐。北宋著名道家张无梦有诗作流传，题为《凝真宫》，云：

五云深锁洞门深，蹑屐攀萝特地寻。

烟霭不藏尘外路，神仙遗下水中金。

喜游汗漫华胥宅，重忆崆峒至道心。

不得方平同一醉，红霞零落我樽琴。

凝真宫（闻玄真／摄）

北宋道士——张无梦

张无梦（公元952—1050年），北宋时著名道士。字灵隐，号鸿蒙子，凤翔鳌屋（今陕西周至）人。出身儒士家庭，自幼"好清虚，穷《老》《易》"。长大后把家产给了弟弟，出家做了道士，入华山拜陈抟为师。后"游天台，赤城，庐于琼台，行赤松导引，安期还丹之法"，日诵《道德经》《周易》。曾隐居韦羌山、天台山、嵩山等10多处名山，99岁于金陵（今南京）羽化登仙。

括苍山在成为仙山福地之后，不仅吸引了无数意欲成仙的道家前往，也使诸多佛门僧众慕名而来。古语曾云："天下名山僧占多"，慕名而来的僧众皆愿在此仙地建寺弘教。自石头禅院首建落成之后，众多寺庙道观陆续拔地而起，鼎盛时，括苍山周围寺观多达100多所，其中石头禅院当数最具名气、历史最为悠久的佛寺，穿越了1800年的静谧时光，至今仍然香火不断。造就了历史上寺观并立、佛道共兴、僧众道古的恢宏局面。

大兴寺——石头禅院

石头禅院，始建于东汉兴平元年（公元194年），现名大兴寺，位于仙居县杨府乡石牛村北，依山傍水，为台州佛教最早之寺院，被称为"江南第一古寺"。宋开宝年间（公元968—976年）改额大兴寺，沿用至今。寺旁摩岩上刻有巨形「佛」字，高11.2米，宽11.2米，呈正方形，总面积达125.44米^2，其中最粗笔画宽50厘米，是我国最大的摩崖石刻字。大兴寺1800年来，历尽兴废，几经重建，至中华人民共和国成立之初仍有僧人定进等二人居住。后因时势所迫，寺门关闭，僧走香火断。1980年后，开始恢复宗教活动，在僧人定仁、学戒住持下，整修寺宇。1990年，重建大雄宝殿和寮房十间。1992年，经县政府批准为佛教活动场所。现有殿宇、寮房二十余间，宗教活动正常。

唯有山水，才能集聚灵气、留住灵气。括苍、大雷的伟岸，亦有永安溪的默默陪伴与守候，永安溪在括苍山与大雷山的拥抱中流淌了千万年。河流，常常是作为文明的陪伴者而出现在世人眼前，描绘仙居圣境亦不能没有水，不能没有永安溪。永安溪是仙居的文化之源，璀璨的下汤文明在其陪伴下应运而生；永安溪也是仙居的母亲河，哺育了仙居50万人民。永安溪千万年来绵延不绝，她时刻蕴藏着深厚无私的抚育之心，时刻彰显着美不胜收的端庄秀丽。

在陆路交通不发达的年代，永安溪毫无疑问是台州地区沟通沿海和大陆的交通大动脉。据史料记载，明朝时期，政府曾相继在城关河埠设置河泊所和通商所，收取税收，管理永安溪水运，如此一来，永安溪沿岸的商贸进一步兴盛。永安溪最繁忙的时候，同时有700多艘木船、300多张竹筏在永安溪上往来运输，货物吞吐量十分巨大，可以毫不夸张地说，即便像九郎溪广业渡那样的小埠头，其吞吐货物的能力也能让河南以漕运兴旺的溱洧自叹不如。有诗词形容此场景："白帆如云云盖溪，竹排相接密如堤。"场面甚是壮观，犹如千军进发、万马奔腾。直到1957年，仙居至临海白水洋公路建成通车，永安溪悠久的航运历史才画上了句号。

永安溪作为交通大动脉的历史已然一去不复返，但永安溪的美却日盛一日。如果要选一个永安溪最美的时节，那应该是永安溪的秋。当秋风习习吹来，残阳照壁，水色苍茫，水色与两岸青黄相间的树叶相拥对照、融为一体，让人颇感时光温润，岁月在那一刻似乎停止了脚步。2012年起，仙居开始建设人行绿道，规划绿道总长度为112千米，绿道全部由木材打造，不会对自然环境产生破坏。其中有一段便是由永安公园一直延伸到神仙居景区，目前已经竣工，投入使用。该段绿道沿永安溪蜿蜒伸展，随势而为，依山傍水，全无矫揉造作之意，好似天然偶成，与永安溪、神仙居融为一体。人们在闲暇时，可在绿道上散步、骑行、垂钓、观景，看云卷云舒、听鸟语虫鸣。清晨时分，漫步于永安溪绿道，可见一轮红日于溪水尽头缓缓升起，顿时，永安溪在蜿蜒中走向无边无际；火红的霞光布满整个溪水，犹如一坛正在冶炼中的铁水在不停地翻滚，尽显生机与活力；溪水碧绿清澈，对岸的山、树和天空的飞鸟、白云都投影于溪水中，动中有静，静中有动，仿佛巨大的荧幕正在放映电影，可谓"江流天地外，山色有无中。"

3. 神仙居所　为之惊叹

　　神仙居，顾名思义，神仙居住的地方。前文所提到的韦羌山，便是今天的神仙居，古称天姥山。明代《名胜志》载："王姥山，在仙居县界，亦名天姥山，相传古仙人所居。"能被神仙选为居所，自是有其独特之处。要说对神仙居的称赞和惊叹，可能要数诗仙李白表达地最为淋漓尽致。其梦入吴越，追随谢公灵运之足迹，一夜飞渡镜湖月，便留下了传颂千古的《梦游天姥吟留别》，神仙居正是因此诗而更加声名远播。但因李白是梦游天姥，东南一带虽然好多地方都出现了"天姥山"这个名称，而货真价实的只有神仙居，这也是经过前人仔细考证后得到的结果。南宋台州总志《嘉定赤城志》便以审慎负责的态度梳理分析了唐代及以后的各类史料中出现的关于"天姥山"位置的记载，最终得出结论："韦羌山亦名天姥山，在仙居县，东连括苍，且云石壁有刊字如科斗，春月樵者闻笳箫之声，与《临海记》同。则天姥山亦仙居之韦羌山也。"如此一来，对于如今的神仙居是李白笔下的天姥山便毋庸置疑了。

　　神仙居，不仅仅是大自然鬼斧神工的杰出作品，更是上天对仙居人民的恩赐。神仙居是世界上最大的流纹质火山岩地貌集群，地质构造独特，以"半壁见海日，空中闻天鸡"的高耸屹立东南；以"洞天石扉，訇然中开"的险峻闻名天下；以"云青欲雨，水澹生烟"的绮丽而引人入胜。神仙居内的山水、崖洞、石峰连在一起是一幅绝美的山水画卷，犹如神来之笔。若将其逐一分开，亦可自成一体，独具一格，正所谓："天

流纹质火山岩地貌（余加红／摄）

台幽深，雁荡奇崛，仙居兼而有之"。清代乾隆年间仙居县令何树萼游览了神仙居后，便欣然题下"烟霞第一城"五个大字并刻于山崖之上，意云蒸霞蔚之仙居，景色壮丽，当属天下第一。如今，神仙居已是国家5A级旅游景区，引无数游客流连忘返，连声称赞，惊叹不已。

　　神仙居在没有商业化开发运营之前，被称为"西罨寺景区"，因北宋年间的雪崖禅师在此建造的西罨寺而得名，寺庙香火曾延续千余年，但因民国时期兵燹纷乱，无人修缮而坍塌，至今只存遗址。1998年之后，仙居政府对其进行了大规模的改造升级，形成了南海和北海两大区域，在很大程度上扩大了可游览的面积，目前，神仙居景区总面积达22.32千米^2。同时，在升级改造过程中还大量运用现代化设施，建设了南北两条上下山索道、悬崖栈道、高空索桥，将原本被深渊峡谷阻隔的景点有机连接，并形成了峡谷探幽、山顶风光、溯溪探险、奇文探秘等诸多特色板块。此外，神仙居负氧离子含量奇高，平均达2.1万个／厘米^3，最高处可达8.8万个／厘米^3，可谓天然氧吧，名副其实。

神仙居·一帆风顺（余加红／摄）

神仙居·观音峰（陈加晋／摄）

神仙居山势奇妙，千峰林立，气象恢宏，景色无处不在，以岩奇、瀑雄、谷幽、洞密、水清、雾美傲视群山。后经无数文人墨客的游览发现，总结了最为奇特的八大景区，分别为西罨慈帆、画屏烟云、佛海梵音、千崖滴翠、犁冲夕照、风摇春浪、天书蝌蚪、淡竹听泉，这八大景观各具特点，各有韵味。当游览神仙居时，可以自北海索道上山，再由南海索道下山，这一路虽只有几公里的旅程，但路皆修建在悬崖峭壁的高空栈道上，高达数百米，有点"危楼高百尺，恐惊天上人"的味道。这其间要依次经过菩提道、般若道、因缘道、观音道、飞鹰道和无为道等六条高空栈道，六条栈道景色各异，奇险不一。菩提道云烟隐约，崖壁垂直陡峭，眼前一座峰好似如来佛祖，庄严肃穆；到了般若道上，可见诸峰如佛法宣讲的现场，佛祖在讲，诸佛在听，场面宏大；因缘道风景最为灵秀，虽脚下较为崎岖，但可闻婉转鸟鸣之音，且好似苏州园林一般，可观一步一景；观音道尽显岁月蹉跎，诸多千年老松密布于峰顶，四季青翠成荫，霞彩万道，默默守候着有如观音菩萨般的峰柱；再到飞鹰道可感惊绝与浪漫并存，不远处的空中花园秀色可餐、一览无余；无为道上仙气凛凛，诸峰好似修得一副仙骨，此刻，立太极台上可闻峡谷中的松、柏、椑、榉、梅等众多百年巨木在风中嘶鸣，如阵阵箫音，宁静而悠远。或可观远处崖壁之上错落有致的万年蝌蚪秘文，亦可见深谷中天姥修道。

神仙居的文化价值，在当代的影视文化里更显突出。从景区步出"深闺"短短的十几年间，国内外近百家剧组前来取景拍摄，留下了"无量山""剑湖宫"等众多耳熟能详的景点，也让无数影视明星、文人墨客与神仙居有了别样情缘。《天龙八部》剧组在神仙居曾进行了为期一个多月30多场戏的拍摄。另外还有《神话》《新笑傲江湖》《轩辕剑》《追鱼传奇》《兰陵王》等剧组也曾在此拍摄取景，至今，神仙居幽深奇崛的景观也频频出现在各大影视作品中。年长日久，这份山水文化将是一个别处很难复制的独特品牌，和人工打造

仙居八景

仙居自然风光壮丽独特，丰富多彩，集"奇、险、清、幽"于一体，汇"峰、瀑、溪、林"于一地。因此除了神仙居的奇秀以外，光绪年间的《仙居县志》还记载了"仙居八景"，分别名为：东岭晓春（钟）、南峰眺艇、石龙霖雨、景星望月、水帘瀑布、麻姑积雪、锦凤冲霄和苍岭丹枫。其中东岭晓春（钟）系晨景，景星望月为夜景；麻姑积雪为冬景，苍岭丹枫、景星望月为秋景，石龙霖雨、水帘瀑布属夏景，东岭晓春属春景。晨有晨色，夜有夜景，四时八节，各展风姿。"仙居八景"实是造物主给仙居大地的巧妙安排。

的横店影视城不分伯仲，被誉为中国影视文化的后花园。

仙居独具特色的自然景观和人文景观都是仙居古杨梅群复合种养系统千年传承发展的重要载体，景观之上具有人文历史的独特内涵，人文历史的不断演变中形成了独具一格的仙居特色，这些特点在一定程度上表现为杨梅复合种养的生产方式与生产技艺。此外，历经无数先民的辛勤劳作，杨梅生产与自然山水已经逐渐融为一体，形成了蔚为壮观的梅林胜景和生态和谐的梅园风光。

（二）蔚为壮观的梅林胜景

如果说鬼斧神工的隽秀山川是上天对仙居人民的恩赐，那么古杨梅便是这恩赐里面的附加馈赠。杨梅树是整个仙居古杨梅群复合种养系统的核心所在，无论是三两株零星存在，还是连片生长，都是复合种养系统中最为亮丽的风景线。杨梅树本身就是一种具有很高观赏性和美学价值的林木，常被用作观赏林或造景林，欧美多个国家和地区曾多次引种，以作观赏用或药用。仙居杨梅树干曲蜒挺拔，树冠浓密茂盛，树叶碧绿常青，观之则令人心旷神怡，如此优美的树姿也让仙居杨梅树收获了"树中美男子"的美称。

1. 杨梅成荫　占麓为林

仙居诸山，既有幽深之姿，又有奇崛之态，山麓广袤的缓坡地带，蕴藏着最适宜杨梅生长的水土小气候。山林缓坡或峭壁高岩自古便有诸多野生杨梅生长，现在人工种植的杨梅大多在山麓地带。如今，仙居全境有梅林10万多亩，因此有"无梅不成林"的说法。站在山巅远眺各个山麓，可见漫山遍野的杨梅树绿荫成排，蔚为壮观，十分具有视觉冲击力。

除了近些年栽种的杨梅树面积甚广以外，仙居古杨梅树数量更是全国首屈一指。全县共有百年以上的古杨梅树13 425株（截至2020年数据），主要分布在横溪镇坎头村、苍岭坑村、程岙村，湫山乡的杨岸村、抱龙村，福应街道桐桥村、步路乡西炉村、赵岙村，皤滩乡板桥村等地，其中，数湫山乡的古杨梅规模最为壮观。湫山乡的古杨梅林集中分布在杨岸村、上高村、抱龙村、杨家村、沙地村沿线，其他行政村亦有种植。据统计，湫山乡现存百年树龄以上的古杨梅树8 000株左右，其中200年以上的3 000株，500年以上的1 500株，成片成林，数量相当可观。其中，杨岸村连片成林的古杨梅树就达1 500株之多，且平均树龄在200年以上，是仙居乃至全国古杨梅树群保存最为完整、规模最大的区域。如"杨岸"其名，1 500余株古杨梅如同形成了一片杨梅树的海洋，整个村子便坐落在这杨梅树海之岸。

这种壮观的自然美，并不仅仅是满山翠绿的铺张交叠，也是深藏的多变的层次与节奏感。只需稍加凝目，便也能体会到如"横看成岭侧成峰，远近高低各不同"的视觉变换。从横向来看，几乎所有的杨梅树都是呈等高线条生长，每一行的杨梅树都随着山体的自然曲线塑造自身的姿容，棵棵杨梅挺立、林木间隙合理，宛若一座巨大的杨梅方阵；从纵向来看，杨梅林呈阶梯状分布，由下到上，层层叠叠、层次分明。不同海拔高地之间，因地随形，所栽种的杨梅品种亦各有不同，树形与采收期各有差异，不同高度或区域的梅林景观自然也就具有少许的差异性，不过这也造就了山地利用景观的层次感和韵律感。加上杨梅林间，还有茶树悠然委身其中，茶树虽无杨梅的挺拔，但也有自身展枝脆嫩、仙风道骨的风采。由于杨梅较高、茶树稍低，一高一低、一翠一碧，高低起伏、碧翠交织，整个山麓在绿色的支配下，变换不同的身姿和样式。正是在以古杨梅群复合种养为核心的山地利用方式之下，让本是以绿为基的单色调，呈现出了多种色彩才能拥有的曲折有致与百转千回。这种美，是仙居群山与古杨梅经久休戚与共的结晶，亦是自然选择与人类选择的天人合一。

百年杨梅（余加红／摄）

杨梅硕果·叠翠映红（应铮峥／摄）

杨梅树一年四季碧翠交叠，胜景常在，但要论其最为倾城的时节，非杨梅果实成熟期莫属了。杨梅果是杨梅树饱含天地灵气、日月精华的结晶，亦是杨梅树的精粹所在。每年随着杨梅果实的成熟，杨梅树的美学价值提升到了极致。杨梅鲜果被喻为"果中珍品"，仙居杨梅更是体形硕大，有如乒乓球般大小，且"颜值"出众，历来有"仙山仙水蕴仙果"的美誉。仙居杨梅圆润饱满，梅汁甘甜欲滴，兼具"富贵"之名与"圆满"之貌，还因不同季节和时令变换不同的外衣，或白里透红，或红火流丹，或青紫被身，姿态各异、娇艳如火，让人一见便唾津自生、食欲大增。每年的6~7月，是杨梅果实成熟的时节，此时天下好梅人的目光聚焦于仙居，更对仙居杨梅"虎视眈眈"。群山翠岭之间，杨梅成排、绿荫翳翳，踏入杨梅林中，只见丹实累累、闪红烁紫，条条青枝坠红果，颗颗红果压青枝，恰如一幅以绿为底、以朱为笔绘成的不朽画卷。红绿相间，令人不禁沉醉于其间。难怪诗人有曰："杨梅与金橘，不让满园花。"

2. 林下微观　水土共保

仙居古杨梅既有自然野生品种，更多的是由古至今历代仙居劳动人民辛勤培育、不断选种留存下来的优良品种。据有关专家学者考证，最迟从东晋开始，仙居先民就在山地缓坡上栽种杨梅，传承至今，已历千年岁月，但仙居杨梅山上依旧四季常青、地力不减，一个重要原因就是当地乡民异常重视水土保持，并且在长久的劳作中总结出了一套沿用至今的杨梅种植管理技术体系，从而也在杨梅林下形成了独具特色的微景观。

首先，通过在山体空间内合理配置生物资源，充分发挥系统内各种动植物利于水土保持的物性及其相互之间的配合，是仙居古杨梅群复合种养系统最重要也是最具特色的水土保持管理手段。该系统中，杨梅与茶树本身根系发达，具有良好的水土保持功能，尤其是杨梅树，被喻为水土保持"先锋"树种，常作为水土保持林的必备树种。杨梅的浅层根系十分发达，能有力地固着表层土壤；杨梅树根大都是菌根，可增加土壤的隙孔和通透性，从而扩增土壤层保水涵水的空间。同时，杨梅树干挺拔、树冠浓密，枝叶覆盖空间面积很大，可大大阻缓雨水的直接冲击和溅蚀作用，从而有效地保护了山坡水土。

其次，在杨梅林之下的缓坡地带，乡民通常栽种"浙八味"等草本植物，此举不仅开拓了可耕土地的面积，也为整个生产系统增添了一道绿色屏障，更是造就了独特的立体生产景观。这些茂密丛生的植物覆盖在山体表层，犹如给高山穿上了一层厚厚的"外衣"，对保护土皮、抑流涵水起到了不可替代的作用。在一些水土流失较严重的区域，乡民还会栽种苜蓿之类的植物，以期慢慢恢复地力和减少水土流失。此外，当地乡民豢养的仙居鸡长期放养于杨梅林中，充分发挥其觅食能力强、活动范围广的特性。仙居鸡长期生长在梅林下，有利于消灭植物上的部分害虫，其粪便还可增加土壤肥力，为保持杨梅林的生物多样性发挥的作用不可小觑，如此也间接地保护了山地水土。

再者，当地乡民还因地制宜地开发出了一套辅助管理手段，以强化仙居古杨梅群复合种养系统本身的水土保持和涵养水源的功能。

（1）陡坡修筑等高梯田

在部分坡度超过15°的山体区域，乡民会利用当地山上的碎石来修筑等高梯田，外高里低，环山水平，大弯随势、小弯取直。有些精细点的梯田还会修成"外埂内沟"的式样，外埂阻水、内沟截水，这样水土保持效果更佳。梯田内壁则用石块、草皮或生土筑成，并沿等高线挖开表土至心土层，并做成50厘米左右的坡基。

杨梅林下微观（陈雪音／摄）

（2）等高种植、合理密植

仙居乡民无论是种植杨梅，还是杨梅与茶叶、中草药套种，都是尽量等高种植，有的区域条件允许，则实行双行条栽甚至是多行条栽。树种之间，间距合理，各种植穴呈相互交叉式布局。

（3）修筑鱼鳞坑

这是目前当地最为常用的方法，一方面鱼鳞坑的水土保持效果较好，不仅能增加杨梅林的表面粗糙度，减缓林内地表的径流速度，从而降低地表水流对表土的冲刷，而且在暴雨时节，每个土坑都可成为小小的积水坑，可截流坡上方流下的水土；而另一方面，鱼鳞坑的技术难度不高，用工很省，尤其在陡坡和复杂地形，或人力、物力不足的情况下，当地先民一般都会修鱼鳞坑以保持水土。具体方法是：在等高线上根据定植的行株距，确定定植点，然后从上部挖土，修成外高内低的半月形小台面，台面外缘用石块或土堆堆砌，上下土坑之间呈鱼鳞状排列。

（4）土壤生草覆盖

土壤生草覆盖同样是当地乡民常用的手段之一，其水土保持的功能原理与栽种草本植物类似，主要是为了增加土壤表层的绿化覆盖率，如此，既能缓解雨水冲击，保护土皮，又可提高土壤的粗糙度，减缓地表径流速度。此外，生草还可作仙居鸡的饲料，冬季枯萎腐烂后还可以作为杨梅林的绿肥。

天人合一是我国传统思想的精髓所在，亦是古人治世为人所追求的极致目标。仙居先民历经千年的创造性生产理念与生产技术，经过历代改进与完善，已然达到了与自然完美融合、天人合一的高度和境界，至今仍发挥着保持水土、促进农业生产的重要作用，创造了独特的梅林种养一体化景观，可以说这是留给后代子孙的一笔宝贵财富。

3. 苍岭古梅　千载悠悠

自古以来，仙居良好的生态环境不仅造就了杨梅不断有序传承的生长条件，也为今天的仙居人民留下了不可多得的古杨梅群景观。前面所说的杨岸村古杨梅数量达1 500余株，数量相当可观。但横溪镇苍岭坑的古杨梅群不仅规模更大，百年树龄以上的达2 898株，而且普遍树龄较大，仅屏风岩上就有20多棵千年古梅树。这些古杨梅已与具有千年历史的苍岭古村、苍岭古道融为一体，相生相惜。

光绪年间的《仙居县志》载："苍岭，在县西稍南一百里，一名风门。高五千丈，周回八十里。与缙云壶沉接界，为婺、括孔道。重冈复径，随势高下，其险峭峻绝，实浙东之最。上为南田村，每当秋深，碧云红叶，宛若图画，行者应接忘疲，昔人品为乐安八景之一。"县志中记载的"孔道"即苍岭古道，此处曾是台、婺、括三州的交通要道，早在隋唐时便设有驿站。在南宋时，苍岭古道遂为沿海至内陆的"盐道"。据《仙居县志》记载："仙居县年销正引一千九百八十七引外，东阳、永康、武义三县，共年销正引四千五百十四引，皆由该县皤滩而上，赴该县行销。"苍岭古道除地理位置十分重要外，其地理形势也异常险峻。唐代诗人刘昭禹有诗云：

尽日行方半，诸山直下看。

白云随步起，危径极天盘。

瀑顶桥形小，溪边店影寒。

刘昭禹用三句话分别写出了苍岭坑的高、危、陡。后来，宋代杜师旦又有诗云：

人云蜀道苦难行，

我到云间两脚轻。

山险不如心险否，

心平履险险仍平。

此处，杜师旦将苍岭坑与李太白笔下的蜀道相比较，可见，无论是在迁客骚人的咏叹中，还是在实际的自然环境中，苍岭的高危险峻与蜀道可相提并论之。可想而知，在此千回百转的繁忙古道上，

苍岭坑古杨梅（崔江剑／摄）

往来穿梭于其中的商旅贩夫、迁客骚人都会品尝到甘之如饴的杨梅。久而久之，杨梅不仅仅是一颗简单的果实，也代表着仙居留给无数过客的旅途记忆，使人回味无穷。然而，杨梅果期只有一个多月，剩下的日子就是杨梅树四季益然挺拔的身姿，一年四季，青翠交叠，似乎无时无刻不在欢迎着远方的客人。

　　浙江仙居杨梅栽培系统中，杨梅自身就具有很高的观赏性和美学价值，有"树中美男子"之称。杨梅树的美，介于刚毅与圆柔之间，愈经岁月，越具魅力，其中最具代表性的便是位于屏风岩上的千年杨梅树王，该树盘踞郁勃、横枝拂地、叶如剪桐、根如积铁，是大自然精雕细琢的杰作。其他杨梅树也大都树形笔挺、树姿优美、树冠圆俏、树叶嫩翠。再加上杨梅林下有种养鸡、蜂、茶等动植物，如此合理配置，更添几分层次和生气。茶与杨梅伴生，碧绿如潮；

草木丛生，缤纷如衣；蜂群相拥，点缀花蕊；土鸡纵跃，装饰梅林。由翠梅、丹果、碧茶、丰草、俏鸡、巧蜂组成的画卷，和谐、生动、有趣。

当下，仙居人民仍然跟随古人的足迹，不断将汗水和智慧倾注于杨梅之上。自2015年10月，仙居杨梅栽培系统被列入第三批中国重要农业文化遗产以来，仙居全县人民勠力同心，陆续创造着一系列新的杨梅林景观，例如"万亩杨梅上高山""杨梅梯度栽培""百里杨梅长廊"等重点建设项目，使得仙居杨梅种植面积迅速增长。其中，横跨仙居东西的35省道临（海）石（柱）线百里杨梅长廊和纵贯仙居南北方向的40省道东（阳）仙（居）线和41省道仙（居）清（水埠）线西侧百里杨梅长廊，为不得不为之一观的风景线。目前，仙居有梅13.8万亩，可谓无山不梅、无梅不群。

苍岭坑数千株古杨梅划过千载悠悠时空，仍然不断传递着古老的生机与活力，向无数过客传递着味的甘甜和美的享受。再放眼仙居全境，在不同海拔高地之间，因地随形、层峦叠嶂，高低起伏、碧翠交织，犹如波涛汹涌的绿色海洋；在群山翠岭之间，杨梅成群成林、挺立据山的景象，呈现出震撼而壮观的大美胜景。

（三）生态和谐的梅园风光

由远及近，从大到小，视觉由广袤的仙居群山原景，到无山不梅的梅林胜景，再到杨梅林内的微观小景，这既是视觉渐变的转换，亦是对仙居古杨梅群复合种养系统的深入探索。杨梅群的生态由杨梅树和梅林下各种动植物共同组成。首先，杨梅树本身就具有水土保持、水源涵养、气候调节等诸多生态功能；其次，从古至今，仙居杨梅都不是独自起舞，而是与其他物种诸如茶树、仙居鸡、土蜂和谐共生、求同存异，从而在这独特的地理环境下创造了独树一帜的复合种养系统，也造就了以杨梅为主的无限梅园风光。

1. 生态杨梅　固本强源

由于杨梅根系能与放线菌共生形成根瘤固氮，吸收利用天然氮素，所以能在瘠薄的山地生长，耐旱耐瘠，省工省肥，是非常适合山地退耕还林，保护生态的理想树种。也正是因为如此，以杨梅为主的梅园内无论是生态环境，还是动植物数量都相当可观，真正达到了固本强源的理想效果。

固本强源　仙居县地处浙东，属亚热带季风气候，受龙卷风及暴雨的影响，林分质量不高、结构不合理，森林生态功能弱；区内溪流源短流急，自然蓄水能力差，汛期常有山洪暴发；贫困人口多，传统农业中不合理的发展模式导致坡地、陡坡地开发过度，森林植被破坏，造成一定水土流失。在建有杨梅基地的山顶和杨梅基地中的空缺地、道路、沟渠两旁种植大苗树木，或在园中种植带状防护林或隔离带，光秃的梯壁留草或种草，幼龄杨梅基地和未封行杨梅基地行间种植绿肥，周围合理建设排蓄水设施和道路设施，达到全面实施树、草、肥、水、路，梯层整齐，形成了绿化良好的自然生态杨梅基地结构。杨梅种植后第6年开始，使每年水土流失由1 900～2 000吨／千米^2

梅园活水（陈雪音／摄）

下降到约506吨／千米², 其土壤含水量增加4.1%, 明显提高了水土保持能力, 调节了微环境气候, 有效地抑制了水土流失, 减少了洪涝灾害, 具有良好的生态效益。

水源涵养 古杨梅群复合种养系统涵养水源的能力主要体现在林冠截留、枯落物持水和土壤非毛管孔隙蓄水3个方面。通过野外调查发现, 杨梅生态杨梅基地乔木的郁闭度为20%～30%, 杨梅的郁闭度可达95%以上, 这样可避免雨水直接冲刷土壤, 并且能将降雨部分截留或者全部截留, 从而减少了地表径流。杨梅基地的土壤是其涵养水源的主要场所, 其土壤有机质含量高, 肥沃、透气, 土层厚度在50厘米以上, 具有较好的水源涵养能力。根据非毛管空隙度的测定, 可计算出系统内50厘米厚的土壤贮水量最大为61.03毫米, 最小为40.83毫米。

气候调节 植物一方面通过树冠阻挡阳光, 减少阳光对地面的辐射热量; 另一方面通过蒸腾作用向环境中散发水分, 同时大量吸收周围环境中的热量, 降低环境空气温度并增加空气湿度。在复合种养系统内, 通过乔木、灌木、草垂直结构的形成, 上层乔木树种的遮阴, 以及上中下层植被的蒸发对环境体系的温度、湿度和水分的平衡起到重要作用。通过实地的测定, 从上午10:00到下午17:00, 系统内夏季杨梅蓬表面的平均气温比大田低3℃左右; 空气相对湿度比大田高6.5%。

空气净化 林地对空气的净化作用, 主要表现在能杀灭空气中分布的细菌, 吸滞烟灰粉尘, 稀释、分解、吸收和固定大气中的有毒有害物质, 再通过光合作用形成有机物质。其中林地中的空气负离子具有杀菌、降尘、给人体补氧补电等多种功效, 与人类的健康密切相关。通过实地测定, 系统内空气负离子浓度较高。从10:00到17:00, 空气负离子的浓度均在1 000个／厘米³以上, 平均浓度为2 241个／厘米³, 所以复合种养系统不仅有较好的杀菌降尘作用, 而且有较好的保健功能。

养分循环　复合种养系统通过坡壁留草种草、套种绿肥、割青埋青作绿肥，使得系统内的养分得到了较好的循环。系统内土壤是地面上能够生长杨梅的疏松表层，它提供杨梅生活所必需的矿物元素和水分，是系统内的养分储藏库。古杨梅群复合种养系统内矿质元素富集向上的趋势比裸杨梅基地快，良好的土壤物理性状加速了系统内的生物循环，对提高土层土壤肥力有良好作用，保证根系对矿质元素的吸收，从而优化和提高了杨梅自然品质。

除上述功能外，杨梅林还具有增强土壤肥力、生态防火等功能。山地种杨梅后，经适当的土壤管理，林地土壤肥力显著提高，土壤有机质、全氮、水解氮和有效磷分别比荒山高 78.75%、81.08%、81.06% 和 26 倍。杨梅的鲜枝叶不易燃烧，可作防火林带种植，防止森林火灾。因此，杨梅也是国家林业和草原局选定的生态公益林备选树种之一。

2. 立体布局　生态和谐

杨梅丰富多样化的生态功能，大大增强了梅园的生产能力，因此梅园内能够容纳更多的物种共同生存。在仙居古杨梅群复合种养系统内，仙居乡民以广阔的群山山麓缓坡地带为作业区，结合地势、资源、水质、土壤的特点，巧妙并合理地在不同高度的山地环境中配置杨梅、茶树、中草药、仙居鸡、土蜂等动植物，区域内最多有超过 10 种农业生物品种。这种复合型农业模式，突破水平维度和单一模式，实现了农业生产的层次化、立体化，最大限度地利用区域内的光、热、水、土、肥等自然资源，提升物质供给能力，在同一个生产周期内，土地能同时提供杨梅、茶叶、仙居鸡、中药材、蜂蜜等多种优质农产品，这也是仙居人民在耕地面积狭小的环境下创造的精耕细作的突出表现。

系统内小巧玲珑、敏捷活跃的仙居鸡（仙居县政府／提供）

而且，系统内的所有的农业生物并不是简单地组合或叠加，而是山地利用方式中种与养的巧妙结合，各个物种之间物性相宜、互补互促。例如杨梅为茶树、中草药等保水保肥、阻风抗寒；杨梅林为仙居鸡提供了广阔的活动空间和饲料来源；腐烂的草本植物与仙居鸡的粪便，皆是系统内的优质肥料。另一方面，各个物种之间物性配合、高效默契，能实现1+1＞2的功效。例如在水土保持方面：杨梅树浅根发达，茶树深根郁勃，两者分别在不同深度的土壤层中，发挥有力的固土和通土的作用，而林下的草本中药则能增加土壤粗糙度、减缓径流度，甚至活动能力强劲的仙居鸡，也能通过跳跃夯实土基的方式来促进水土保持的效果。

在诸多农业物种中，仙居人之所以选择梅、茶、鸡、蜂等四类农业生物加以搭配组成复合种养系统，原因在于这些物种之间物性相吸、配合默契。

杨梅－茶树间作混栽　杨梅树与茶树的生长特性十分相似，两者间作混栽可增强系统的水土保持功能。而且，杨梅既耐旱耐贫瘠，又能固氮增氧、保水保肥，不仅不会与茶树争夺生长资源和养料，反而能改善茶树生长的水肥环境。到冬天，树干挺拔、树冠繁茂的杨梅树还能帮助茶树抗冻防寒，对于茶树来说，杨梅堪称贴心的完美"伴侣"。

杨梅-草药套种　在广袤的杨梅林下，仙居乡民选择栽种中草药，这样不仅可有效地利用林下空间，还能进一步提升系统的水土保持功能。将草药的药用部分摘除利用后，剩余部分还可作为优质的绿肥。经过世代探索和实践，当地最终选择"浙八味"中的 6 种作为林下主要栽种作物，包括白术、贝母、延胡索、玄参、铁皮石斛、覆盆子，这些草本植物不仅质量好、应用范围广、疗效佳，而且是新旧16种"浙八味"药材中最适合栽于仙居古杨梅群复合种养系统内的中药品种，具有喜阴耐湿、好种易管、产量大、经济效益好等诸多优势。此外，当地乡民还会根据土壤肥力和市场需求变化，对这些"浙八味"实行相应的轮作和结构调整。

梅、茶-土鸡复合种养　仙居鸡是系统内最具活力的禽类物种，具有捕虫和供肥等功能，是复合种养系统的"杀虫专家"和"肥料供应商"。由杨梅树、茶树、草药等搭建的林草空间，林木丛生、枝繁叶茂，是仙居鸡十分喜爱的环境。仙居鸡可自由地活动于山林之间，林中饲料源丰富，包括青绿饲料、青粗饲料、矿物质、蛋白质（活虫）等多种饲料资源，仙居鸡排出的粪便更是杨梅的优质肥料。由于常年生活在林草野外环境中，仙居鸡也逐渐形成了觅食能力强、就巢性弱、野性十足、肉质紧实鲜嫩等优良种质特性。

梅、茶-土蜂互补互促　在林草环境中养蜂省工省力、经济简便，林下放置简易的木质蜂桶，无须打理。仙居古杨梅群复合种养系统内所养的蜂种为"中华蜂"，这也是中国独有的土种蜂，尤其适合仙居这样的山地环境。中华蜂适应力强，抗寒抗逆抗病能力突出，零星蜜源采集率较高，而且饲料消耗少，是系统内最为勤劳的"园

丁"。山林中不少零星开花的草本植物都依赖中华蜂采蜜授粉，科学证明中华蜂可使果树增产50%以上。

3. 以梅为主　风光无限

杨梅本身的"天生丽质"就足够令人一观，如若再加上茶树、中草药、仙居鸡、中华蜂等物种的合理配置，这幅杨梅园的斑斓画卷顿时增添了几分色彩，显得层次分明、格外清新。无论在系统内增加多少种物种，杨梅树总能以其傲然风采势压群雄，犹如这是一场杨梅做东而举办的风采展示大会。显然，其他物种也不愿出此风头，只是与杨梅密切配合，尽显无限风光。

站在山脚往山顶望去，杨梅树与茶树高低搭配、错落有致，茶树之碧搭配杨梅之翠，高低起伏之间，碧绿连绵，涌如潮水。整个林内荫翳遍布，偶见斑驳阳光，当微风吹动时，树叶随风起舞，斑驳的阳光随之跳动。再往林中走去，蜿蜒曲折的石阶小路向林深处伸展。铺筑石阶所采用的石块大都是当地山石风化的碎块，大小不

梅园无限风光（崔江剑／摄）

一，形状各异，经人工随地势摆置之后形成一级级较为规整的台阶。顺着台阶拾级而上，踩着历经风雨的石块，体会岁月沧桑；看着曲径通幽的林深处，心念柳暗花明；听着袅袅回旋的林音，顿感怡然自得。继续深入林中，可见林下草木丛生、缤纷斑斓，在相对平整的空隙里则种植着较小面积的中草药或其他农作物，为整个林子增添了一丝独特的色彩；林中群蜂相拥，追逐花朵的芬芳，如点点生动的黄色波点，点缀在杨梅枝叶或花蕊之上；林中最具灵性的则是仙居鸡了，它们精力旺盛、野性十足，飞跃能力普遍高于其他鸡种，它们每天清晨则出，日落而归，常年生活于杨梅园之中，时而穿梭林间，时而跃于枝上，为静谧的杨梅林增添不少生机与活力。

在不同的时节，人们往往能欣赏到不一样的景色，杨梅园的四季风光也是各有千秋。当春季到来，三阳开泰，大地复苏，万物萌动，杨梅树看似没有什么动静，凑近细看则可看到树上也开始萌发新嫩的枝芽，一片一片缓慢生长，极为低调；杨梅树下的茶树则激动不已，失色已久的身姿，迸发出万般绿意；蜂桶中的蜜蜂，经过一冬的沉眠，似乎已经感受到了春天的温暖，灵敏地嗅到了花朵的芳香，迫不及待地飞离巢穴，欢快地上下飞舞，还不停地发出"嗡嗡嗡"的歌唱声；仙居鸡虽然不冬眠，但短暂而漫长的冬季难免食物难觅，春季的到来使它们倍感欢欣，不计其数的虫子将难逃其利爪。

仙居的春天总是那么短暂，气温很快上升，夏季也随之而来，杨梅树的青果慢慢变色，经历了阳光雨露之后，蜕变得更有韵味。仙居杨梅果实硕大，汁水充足，放眼望去，犹如一颗颗红色的宝石镶嵌在青翠交叠的披风之上；走近观之，则令人唾液津生，忍不住就要随手采摘，一品而后快。此时的茶树与杨梅相比，略显黯淡，但其仍然以一股不服输的劲头，时刻保持着绿意盎然，生机勃发。蜜蜂与仙居鸡则显得更为繁忙，都忙着觅食撒欢。

品尝了杨梅过后，秋季也随之而来，虽说秋风萧瑟，但杨梅树仍旧岿然不动，只是没有果实的增色，很少有人光顾，略显冷清罢了。茶树在秋风中绽放着最后一丝绿意，略显疲惫地为人们供给着最后一批秋茶，随后便不再萌发新芽。因为花草已逐渐枯萎，蜜蜂也就显得没有那么繁忙了，偶尔可以看到两三只忙碌的身影。仙居鸡依然如旧，丝毫不感秋风凉意，然而更显匆忙，地上厚厚的落叶成为它们发掘食物的宝藏。

仙居的冬季较为短暂。虽没有北方的寒风刺骨，但冬季也实属难熬，杨梅树在此逆境中仍保持挺拔的树干，苍翠的枝叶，依然威风凛凛，不惧北风呼啸。如遇下雪，杨梅树虽不如松柏遒劲有力，但也能顶住大雪压枝，稍有弯曲。一般而言，南方的雪终是力量不足，不足以覆盖整个山林，树桠间偶有堆积。此时，远眺杨梅园，虽没有银装素裹的视觉冲击，但白青相间，一幅跃然纸上的山水画卷，一番独特的意境呈现于眼前，这种梅园风景只用文字是难以诠释的，需亲临其境，方知其秀美。

整个复合种养系统之内，以杨梅为主角的丰富物种和谐共生，梅园内物种搭配适宜，动静相宜，可谓"鸡鸣林更幽"；色彩鲜明，层次清晰，可谓"山青梅逾翠"。总而言之，翠梅、丹果与碧茶、俏鸡、巧蜂，共同描绘了生态而和谐的自然画卷，也尽情展现着古老而靓丽的无限风光。

（四）万物共荣的理想家园

农业是自然再生产与经济再生产的有效结合，二者相辅相成。仙居古杨梅群复合种养系统相比其他大农业生产而言，对自然的依赖要显得更强一些，因而自然万物的融合共生也就更加重要，仙居先民很早就认识到了这一点。历代仙居劳动人民依靠丰富的山水资源，充分认识到"靠山吃山，靠水吃水"的生存理念，也正是因为如此，他们懂得如何维护群山的生态环境，人为改造自然的劳动生产皆节制有序，从而造就了今天万物共生共荣的理想家园。

梅园野生昆虫·千足虫
（余加红／摄）

1. 野生动植 休戚与共

人类是自然界的一分子了，要顺应自然、尊重自然，但人类又具有强大的主观能动性，能够利用自然、改造自然。一个地区的人类与自然和谐相处、休戚与共的最好例证莫过于该地区拥有种类丰富的野生动植物。一方面，仙居山地面积广阔，占全县总面积的80%，森林覆盖率达到79.6%，幽深的山地环境给仙居动植物创造了良好的生存条件；另一方面，仙居山区人民，千百年来有序传承天人合一的杨梅复合种养的技术体系，遵循自然规律，既能很好地进行农业生产，也能在代际传承中保护生态环境，给野生动植物留存了广阔的生长繁衍空间。

仙居古杨梅群复合种养系统所依托的群山山麓火山流纹岩地带，绵延跌宕、层峦叠嶂，占地广、海拔高，构造复杂独特、地貌地形多样，既有渊渟岳峙之姿，又有空谷幽深之貌，山地的古杨梅群区域内及周边，分布着繁杂而丰富的野生生物资源，具有典型的山地生物多样性特征。仙居县境内共分布有维管植物158科641属1 399

种，其中种子植物135科602属1 342种。此外，根据群落生态外貌和区系成分，仙居县植被主要可分为6个植被型：①常绿阔叶林，为本区地带性植被，海拔800米以下占绝对优势；②常绿、落叶阔叶混交林，主要分布于沟谷地带；③针阔混交林，镶嵌状分布于山岗、山脊地带；④针叶林，主要分布于土层较厚的山坡；⑤竹林，主要为毛竹林，是驻地村民的经济来源之一；⑥矮曲林，该类型均分布在海拔800米以上的山坡上部、山顶、岗背等，由于长年受大风、低温、霜冻等影响，乔木树种弯曲、低矮、丛生呈灌木状。其中，常绿阔叶林植被是我国东部低海拔沟谷地带的典型代表，以壳斗科树种为主要建群种，区系成分复杂，层次分明，植物种类丰富。野生植物中，列入1999年国务院批准公布的《国家重点保护野生植物名录（第一批）》的国家重点保护野生植物有13种，其中一级保护的1种，二级保护的12种。此外，被列入1991年国家环保局与中科院植物所合著的《中国植物红皮书》的珍稀濒危植物有4种（不计与上重

千足虫——马陆

马陆（millipede）也叫千足虫、千脚虫、秤杆虫。马陆属于节肢动物门，多足亚门，倍足纲，体节组成，暗褐色，背面两侧和步肢赤黄色。马陆能喷出有刺激性气味的液体，热带雨林中的马达加斯加猩红马陆喷出的液体能使人双目片刻失明。马陆在世界上约1万种。世界上最大的千足虫是非洲巨人马陆，可达38厘米长，身围直径有4厘米。马陆身体黝黑光亮，被触碰后，它的身体会扭转成螺旋形。其特征为体节两两愈合（双体节），除头节无足，头节后的3个体节每节有足一对外，其他体节每节有足2对，雄虫足的总数可多至200对。一般雌虫可以长750只脚，是世界上脚最多的生物。杨梅园中能有这么大的马陆生存，足见其生态环境十分良好。

复的种，下同）；《浙江植物志》总论卷和《浙江珍稀濒危植物》二书
建议列入国家保护或省级保护的有10种。这其中属南方红豆杉、榧
树、长叶榧、榉树尤为珍贵。

南方红豆杉（*Taxus wallichiana* var. *mairei*），又名美丽红豆
杉、玻璃镜等。红豆杉科红豆杉属植物，为中国特有，国家一级保
护植物。树皮和叶可以提取紫杉醇，是珍贵的药用植物资源。多散
生于海拔300米以上的山地、丘陵山坡、沟谷阴湿阔叶林中或毛竹林
中。中性偏阴树种，幼树极耐阴，林冠下天然更新良好；主根不明
显，侧根发达。喜温暖湿润多雨的气候，较耐寒。要求土层深厚疏
松、肥沃、排水良好的酸性土或中性土，也能在石灰土及瘠薄的岗
地生长。仙居县的英坑、冲坑、大坑、五尖坑等地海拔300~500米
的林下溪沟边、山坡等的阔叶林、针阔混交林、毛竹林中皆有分布，
最大的一株在英坑自然村旁，胸径约120厘米，树龄达300多年，自
然村内胸径30~60厘米的有10多株，总的数量约7 000株。

榧树（*Torreya grandis*），也属于红豆杉科榧属，中国特有，国
家二级保护植物。榧树木材纹理直、结构细，有弹性和香气，不开
裂，不反翘，经久耐用，是建筑、造船、家具优良用材。仙居县的
潘中寮坑、五尖坑、大坑等有分布，散生分布于温凉湿润的山坡、
沟谷林中，海拔通常在400~800米，总株数约900株。本县最大的
一株榧树在埠头镇三丘田村，胸径3.85米，树高26m，树龄350年，
长势尚好、结实累累。

长叶榧（*Torreya jackii*），又名长叶榧树，本种是古老的残遗
种，国家二级保护野生植物。它在研究榧属的分类、古植物区系以
及第四纪冰期的气候等方面都有较重要的意义。属小乔木或乔木，
在仙居县一般分布于海拔200~900米的沟谷溪边、山坡下部，以
400~750米的沟谷边或山坡针阔混交林下最常见，也见于悬崖峭壁
石缝中，仙居县目前长叶榧的总株数约7 800株。

榉树（*Zelkova schneideriana*），又叫大叶榉，属榆科榉树属落叶乔木，国家二级保护野生植物。常生于海拔700米以下丘陵山区林中、林缘、溪沟边。阳性树种，中等喜光，幼树耐荫蔽；深根性树种，主根发达，根系深，侧根稠密，抗风力强；适于温暖、湿润气候及肥沃的酸性、中性土壤及石灰土、轻盐土。在仙居县的潘中寮坑溪沟边及其两侧地段零星天然分布，海拔260～350米，多为人为砍伐后重新萌发而成，数量不多，约200株。

野生古杨梅群亦是复合种养系统内最为珍贵的野生植物之一，目前发现的超过百年树龄的古杨梅树，就已有13 425株，以横溪屏风岩顶上的一株千年杨梅树年轮最久。仙居还广布品种丰富的野生食用菌，这也是具有较高经济价值的野生植物资源，优势品种主要有两种：一是麻母鸡菌，形似鸡毛，颜色麻灰，朵大、味鲜；二是水鸡纵，形似鸡纵，味也相似，已成为当地餐桌上的常见食物之一。值得一提的是，世界上第一部食用菌著作《菌谱》就由宋代末期仙居乡贤陈仁玉所撰，可见最迟在宋代，仙居的杨梅山地环境中就诞生出了品种繁多、可口鲜嫩的食用菌菇了。此外，遗产保护区内还分布野生中药材达200多种。

高山幽谷之内、林深草茂之处，必然是生灵栖息的天然居所。仙居境内珍稀动物资源也非常丰富，这也是生物多样性突出的重要特征之一。县域内分布的脊椎动物共有31目75科265种，包括哺乳纲（兽类）8目19科43种、鸟纲13目30科117种、爬行纲3目7科39种、两栖纲2目5科17种、鱼类5目14科49种，这些野生动物的品种、分布与生活习性具有典型的高山丘陵特征。其中有重点保护兽类、鸟类、爬行类、两栖类野生动物25目64科260种，国家一级保护动物4种、二级保护动物26种、省重点保护野生动物32种。

属于国家一级保护野生动物的4种分别为：白颈长尾雉、云豹、豹、黑麂；国家二级保护野生动物的25种分别为：花鳗鲡、鸳鸯、鸢、苍鹰、赤腹鹰、雀鹰、松雀鹰、普通鵟、毛脚鵟、燕隼、红隼、白鹇、勺鸡、草鸮、领角鸮、雕鸮、领鸺鹠、斑头鸺鹠、长耳鸮、猕猴、穿山甲、豺、黑熊、青鼬、小灵猫、鬣羚；省级重点保护野生动物包括大树蛙、平胸龟、黑眉锦蛇、毛冠鹿、眼镜蛇、尖吻蝮、小白鹭、夜鹭、四声杜鹃、大杜鹃、黑枕绿啄木鸟、斑啄木鸟、星头啄木鸟、虎纹伯劳、红尾伯劳、狐、鼬獾、食蟹獴、滑鼠蛇等32种。

黑麂——国家一级重点保护动物（仙居县政府／提供）

典型江河洄游鱼——花鳗鲡

　　花鳗鲡（*Anguilla marmorata*），鳗鲡目鳗鲡科，俗名芦鳗、雪鳗。国家二级保护野生动物，濒危。体前部粗圆呈筒状，尾部渐变为侧扁；一般体长70～80厘米，体重约5千克左右；眼较小；体鳞小，隐藏于皮下；肛门位于臀鳍之前；与鳗鲡相比，花鳗鲡体上有不规则的黑褐色斑块。性情凶猛，昼伏夜出，捕食鱼、虾等小动物。花鳗鲡是一种典型的江河性回游鱼类，生长于河口、沼泽、河溪、湖塘、水库等。性成熟后便由江河的上、中游移向下游，群集于河口处入海，到海中去产卵繁殖，孵出的幼体，慢慢向大陆浮游，在进入河口前变成像火柴杆一样的白色透明鳗苗，俗称为鳗线或玻璃鳗。然后再逆流而上，返回大陆淡水江河溪流中发育成长。灵江水系历史上花鳗鲡种群数量较多，但由于水体污染、过度捕捞、拦河建坝等阻断了花鳗鲡的正常洄游通道等原因，致使花鳗鲡的资源量急剧下降，但仙居水系内仍有少量生存，十分珍贵。

最可爱的"野猫"——小灵猫

小灵猫（*Viverricula indica*），俗称七间狸、乌脚狸、箭猫、笔猫、斑灵猫、香狸，属于灵猫科小灵猫属。小灵猫长48～58厘米，尾长33～41厘米，体重2～4千克；全身灰黄或浅棕色，背部有棕褐色条纹，体侧有黑褐色斑点，颈部有黑褐色横行斑纹，尾部有黑棕相间的环纹。

小灵猫多在晚上或清晨活动，白天则躲在树洞或石洞中休息，除了以老鼠、昆虫、青蛙、鸟类为食外，偶尔也会吃水果。小灵猫的繁殖期分为春、秋两季，但以春季为主，一般集中在2～4月份，少数可延迟到5月份，而秋季仅在8月份，为期较短，妊娠期一般在69～116天，平均90天。产仔期多集中在5～6月份，一般在夜间或凌晨产仔。每胎产仔2～5只，一般为3只。小灵猫多栖息在中国、越南、泰国、老挝、柬埔寨等国的低山森林、阔叶林中。小灵猫是中国国家二级重点保护动物，并被列入濒危动植物种国际贸易公约（CITES）和国际自然与自然资源保护联合会（IUCN）红色名录。

无论是憨态可掬的黑麂，还是逆流而上的花鳗鲡，或是狡黠可爱的小灵猫，都只是仙居古杨梅群复合种养系统中野生动物的冰山一角，它们世代居住于此，不断繁衍进化，生生不息，它们亦是这片大地的主人翁之一。此外，还有大量的野生树种、蘑菇、昆虫也一直守候、呵护着这片土地，它们与人类一起，分别扮演着不同的自然角色，长久休戚与共，组成了彼此心中理想的美好家园。

2. 物种多样　相生相合

在一定的区域空间内，将杨梅、茶树、中草药、仙居土鸡、中华土蜂等多种农业物种进行合理和谐的配置，突破水平维度和单一模式，从而实现农业立体化生产和农产品的丰富多样化，是浙江仙居杨梅栽培系统的核心知识与技术体系。这样的立体式布局，一方面能最大化利用山地区域内的光、热、水、土、肥等自然资源，达到保护生态环境的效果；另一方面，又能够有效规避山地相对恶劣贫瘠的农业生长环境，提高生产效率。这种鱼与熊掌兼得的双向收益的实现得益于物种选择的合理性，不同物种间不产生异类排斥，反而能够和合共生。

"和合"文化

"和合"是一种文化元素，是中华民族先贤在实践中孕育的智慧，"和合"观是中国传统文化的精髓之一，也是一种具有普遍意义的哲学概念，对中国文化的发展具有广泛而久远的影响。

和合，出自《墨子·尚同中》中："内之父子兄弟作怨雠，皆有离散之心，不能相和合。"《史记·循吏列传》中："施教导民，上下和合。"宋·周去非《岭外代答·茅卜》中："其卦甚吉，百事欢欣和合。"明·田汝成《西湖游览志馀·委巷丛谈》中："宋时杭城以腊月祀万回哥哥，其像蓬头笑面，身著绿衣，左手擎鼓，右手执棒，云是和合之神，祀之，可使人在万里之外，亦能回家，故曰万回。"意为：和睦同心；调和、混合、汇合；顺当、吉利；亦指和合二神。

"和合"一以贯之于天人合一的宇宙观、协和万邦的天下观、和而不同的国家观、琴瑟和谐的家庭观、人心和善的道德观，在方方面面影响着每一个中国人，以及影响着中国社会制度建构、社会治理、社会经济生产。

之所以说仙居古杨梅群复合种养系统能够实现物性和合，是因为主要有以下两个方面的原因。第一，在核心系统内部人类活动范围内能够实现与可控物种之间和谐共生。仙居古杨梅群复合种养系统堪称空间生物资源合理配置的典范，能够蓄纳超过10种以上生物共同生长繁衍，且系统的物质供给能力强，可在同一个农业生产周期内同时产出丰富而多样的农产品，包括杨梅、茶、中草药、土鸡与鸡蛋、蜂蜜等，这一点就很少有立体农业或循环农业模式能够做到。而且，如此丰富的农业生物，并不是简单地组合或叠加，而是依据生物链原理和不同的生物性状进行有机组合，各个生物之间和谐共处、物性相宜、配合默契。总之，以杨梅树为系统核心物种，并在横向与纵向空间内，配置有机绿茶、中草药、仙居鸡、土蜂等多种具有地域特色的物种，实现系统的多层次布局和高效率生产，是仙居乡民千年实践的智慧结晶。

万物共生的理想家园（崔江剑／摄）

第二，在大范围的系统内能够实现人类活动与自然运动的和合与共。在古代人类生存生活中，向来是农业生产与渔猎活动这两种资源获取途径并用的，这对自然生态是具有一定破坏力的，但仙居先民并没有打破这一生态平衡，且一直保持到现在。上述种类丰富的野生动植物能够在有限的山地环境内生存繁衍，并生生不息，很大程度上得益于此。反之，自然野生动植物也似乎在不断适应着人类社会的蜕变与发展，同时，它们自身也在不断地改变与进化。如此，人类虽有向自然界动植物索取的行为，但其时刻保持着节制有序的理性思维，不会对自然造成过度的伤害；因此，野生动植物在人类的呵护下不断繁衍，也不会轻易做出有害于人类生存的举动。

无论是古杨梅群复合种养系统的核心范围内的和谐共生，还是大范围下人类与自然界的和合与共，都是造就如今理想家园的有机条件，缺一不可。当我们游览于仙居山川之中时，可以看见古老的杨梅种植技术仍然在发挥着价值，品尝杨梅硕果的同时，穿梭于梅园的仙居鸡、飞舞的蜜蜂、嫩绿的茶叶都会出现在我们眼前；还可以领略神仙居的奇险清幽，永安溪的端庄秀丽。既能欣赏到山高如云的壮观，又能欣赏到水天一色的苍茫；若深入山林，还可欣赏四季常青的红豆杉和长叶榧，幸运的话还可一睹小灵猫的可爱与狡黠。野生动植物在岁月沧桑中万年不衰，人类在世事风云下顺势而为，共同生存繁衍于同一片天地，同一个家园，物性和合是传统农业文化遗产的凝练与升华，也是人与自然和谐共处的基本精神和普遍哲学思维。

五

钟灵毓秀　物阜民丰

浙江仙居杨梅栽培系统

（一）栽梅千年的仙村

仙居，白云鸡犬之境，流水桃花之乡，人文历史悠久，尚存诸多原始风貌保存较为完整的传统村落，有"处处仙村"的美誉。仙山种仙梅、仙梅育仙民、仙民筑仙村。仙居乡民世世栽梅、代代护梅，他们胼手胝足、耕作生息、筑村结寨，有村之处皆有杨梅。

仙居传统村落较多，分部较广，目前仙居已有31个村落列入中国传统村落名录，占台州市入选总数（75个）的近一半。2012年，台州第一批入选中国传统村落的李宅村和高迁村皆来自仙居。除此之外，仙居还有8个村落正在申报第五批中国传统村落，另有25个村列入省历史文化名村。漫步于这些参天绿树掩映下的传统村落中，总能不经意间在房前屋后发现几棵杨梅树，这些自古就被文人骚客所称颂的杨梅为这些古村落又增添了一份诗情画意。

仙居县中国传统村落名录

田市镇李宅村	白塔镇高迁村	蟠滩乡上街下街村
南峰街道管山村	横溪镇苍岭坑村	横溪镇溪头村
横溪镇上江垟村	埠头镇埠头村	埠头镇十都英二村
埠头镇西亚村	田市镇垟垵村	田市镇九思村
田市镇公盂村	下各镇羊棚头村	朱溪镇朱家岸村
朱溪镇上呇村	朱溪镇兴隆村	朱溪镇朱溪村
溪港乡仁庄村	湫山乡方宅村	湫山乡四都村
广度乡祖庙村	广度乡三井村	淡竹乡尚仁村
淡竹乡油溪村	蟠滩乡枫树桥村	蟠滩乡山下村
步路乡西炉村	大战乡大战索村	大战乡白岩下村
双庙乡上王村		

高迁暖阳（陈雪音／摄）

李宅村（朱成／摄）

　　仙居传统村落布局丰富，以平原型、河谷型、山地型为主。平原型传统村落的代表为白塔镇高迁村，高迁村背靠笔架山，南有景星岩似屏风，西有十七都港溪流过，自古以来就是风水宝地。田市镇李宅村是最为典型的河谷型传统村落，其东倚木兰山麓、西接冠山夕照、南邻双峰排闼、北毗狮大锁水。公盂村和金坑村属于山地型传统村落，前者被称为"华东最后的香格里拉"，后者被称为"台州布达拉宫"。这些传统村落除了丰富的布局之外，建筑风格也别具一格、各有千秋。从建筑材料上看，除了最为常见的木质住房外，还有鹅卵石结构和夯土结构的住房。例如王家田村和寺前村的鹅卵石屋，安岭的夯土建筑。仙居传统村落的木雕和石雕技术久负盛名，如枫树桥村的八卦窗、断桥村的木雕卜卦、西炉村的木雕锁腰板、下崖村石雕、断龙村攀龙附凤坊，无不巧夺天工、活灵活现。这些木雕作品中亦不乏以杨梅为素材的精品之作。

杨梅窗雕（朱成／摄）

公盂村（林叶秀／摄）

1. 时光已邈　皤滩不老

皤滩古镇是仙居当地久负盛名的古村落之一。"皤"即为"白"的意思，皤滩镇皤滩原为河谷平原中凸出的一块滩地，因满布白色鹅卵石，故得名"白滩"，后又被称为"皤滩"。

古镇的崛起大多得益于商业的繁荣，皤滩古镇也不例外。从高空中俯瞰，皤滩犹如一艘搁浅的船只停留在仙居中部的河谷平原上，其南是延绵不尽的括苍山脉，有山道直通温州；其西有苍岭古道，直通金华。且皤滩又位于朱姆溪、万竹溪、九都坑溪、黄榆坑溪与永安溪五溪交相聚合之处，故自唐伊始，皤滩就成为著名的盐商之埠，古代的"食盐之路"便是从皤滩盐埠为起点，经横溪苍岭古道越缙云，再过金华后通向全国。明清时期古镇达到鼎盛时期，据说，最兴旺时每天停靠在埠头的长船多达四五百艘，运输场面如万马奔腾、千矢齐发，船上满载食盐和杨梅，故皤滩亦为古代"食盐杨梅之路"的起点。

炎炎夏日，一位久居深闺的女子卷起珠帘，望向窗外，倾耳戴目，她并非思念情郎，而是思念仙居的杨梅。思梅不思郎，这便是"日啖杨梅三百颗，不辞长作仙居人"的真实写照。在古代，大部分外运的仙居杨梅先集中运到皤滩的商埠，后经由水陆运向全国。而王公贵族为了吃到新鲜的杨梅，则命令驿卒快马加鞭，不惜累死马匹无数。曾经的"一骑红尘妃子笑，无人知是荔枝来"的荔枝在仙居杨梅面前也稍显逊色，故宋代余萼舒曾言："若使太真知此味，荔枝焉得到长安。"

皤滩古街（崔江剑／摄）

自民国起，陆路运输的推广特别是铁路通车使得皤滩赖以生存的水陆运输失去了原有的地位，永安溪上的船运业黯然失色，杨梅船运也随之衰落，千年皤滩骤失喧阗气象。时光飞逝、白驹过隙，在千百年光阴的淘洗中皤滩古街两旁的主体建筑群落与风貌竟奇迹般地保存了下来。古街两旁，唐、宋、元、明、清等古代风格的建筑保存完整，商家老店、民居古宅、书院义塾、祠堂庙宇一应俱全。故当地有"唐宋元明清，从古游到今"之说。

皤滩的主街曲曲折折、逶迤数里犹如"龙"形，故谓之龙形古街。至于为何皤滩造街取曲不取直，学者们一直争论不休。一说蟠滩位于山之北水之南，属极阴之地，当取神龙之阳以补阳气不足。一说蟠滩自古才人辈出，才子佳人们多崇尚"柳暗花明""曲径通幽"之意境。至于真正的原因，我们仍不得而知。进入古镇，从地上到墙上再到屋顶，古人的生活痕迹历历在目。无论是街道还是在宅内，只要是露天之处，均以鹅卵石铺上，许多处鹅卵石堆砌成的圆形形状如同杨梅果一般，一颗颗鹅卵石恰似星星点点的杨梅果肉。鹅卵石被世人厚实的脚底板磨得幽幽发亮，如同抹上了油脂，给人以柔腻之感。古街两旁至今还保存着二百六十多家店铺，老字号招牌、珍贵的历史文物随处可见。如唐太宗李世民诏辞"霞蔚云蒸"麻布堆灰匾，宋代朱熹手迹"鼎山堂"和"桐江书院"匾，明代牌坊式砖雕照壁"清风第一乡"匾额，何氏里"大学士"匾及墙壁上贴的十七张科考捷报，清代著名散文家张若震"贻厚堂"匾，乾隆太子监齐召南"洛社名高"匾，以及被毛主席誉为"为官一任，造福一方"的宋代名臣胡则的"胡公殿"，等等。据说，朱熹遣子从学于桐江书院时，便被仙居杨梅折服，在当地久住多日，吃了许多天杨梅才归家。

"花灯无骨，仙女有骨"　蟠滩有一千年绝活——针刺无骨花灯，被人们誉为"中华第一灯"或"灯海明珠"。2006 年 5 月 20 日，经国务院批准无骨花灯被列入第一批国家级非物质文化遗产名录。整个花灯由针刺成的各种花纹图案的纸片粘贴而成，其中不乏杨梅图案的纸片。灯身没有骨架，纯靠物理力学原理支撑。中华人民共和国成立后，由于"大跃进""文革破四旧"等种种历史原因，仙居无骨花灯几乎失传，即使在今天，花灯的传承人仍然屈指可数。仅仅是制作一盏普通的花灯，就至少要花数十天，要刺上十几万针，如若是大灯，便要刺上几十甚至上百万针，时间多达好几个月。花灯传承人把所有的情思都给了银针和丝线，所以针针有情，丝丝有意，缕缕丝线间交错横生，错落有致，图案栩栩如生。

仙居无骨花灯（仙居县政府／提供）

2. 仙村仙风　睦族和家

一方水土养一方人，千百年来，当地先民在筑村护村的岁月中，形成了仙居仙民的"仙风"。

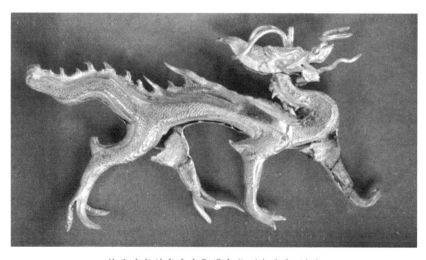

传承千年的宋真宗御赐金龙（朱岳峦／摄）

崇仁向善的慈孝之风　杨梅的栽植和收获向来就不是个简单的工作，单靠个人的力量根本无法完成。因此，仙居先民们在栽梅采梅时往往是父子相携、邻里互助。自古以来仙居就崇仁尚义，许多古村的村名都带"仁"字，如增仁、尚仁、厚仁、仁庄、马大仁等。又如埠头村里有一口"谦让井"，当初此井是在围墙内的私井，但主

台州好男儿吴时来

　　吴时来，嘉靖三十二年（1553年）中进士，曾担任左都御史，为人刚正不阿。嘉靖三十五年（1556年），严嵩把持朝政，营私舞弊，官内官外怨声载道。吴时来眼看严嵩父子祸国殃民，遂义愤填膺上疏弹劾兵部尚书许论宣、宣大总督杨顺、巡按御史路楷，结果许被罢官，杨、路下狱。此三人皆为严党羽翼，吴时来剪其羽翼，严嵩父子恨之入骨，欲置吴时来于死地。嘉靖三十七年（1558年）三月，吴时来与董传策、张翀三人分别上书弹劾严嵩。吴时来奏本《乞察奸邪疏》，引经据典，列举大量事实弹劾权奸操纵朝政、贪赃枉法、祸国殃民的滔天大罪。严嵩党羽对吴时来耿耿于怀，刻骨痛恨，在皇帝面前污蔑吴时来，后又将其打入大牢。锦衣卫和严嵩父子狼狈为奸，在大牢内对吴时来尽执刑具，吴时来被打得体无完肤，七窍流血。在被逼问谁是幕后主使时，吴时来不屈不挠，彰显仙居男儿本色，他回答："祖宗立言官为锄奸，此为主使！"

　　吴时来上疏斗奸虽然失败，但他的《乞察奸邪疏》却成流传千古之檄文，并载入《明史》。《明史·吴时来传》中记载："若不去嵩父子，陛下虽宵旰忧劳，边事终不可为也。"吴时来在其奏折《乞察奸邪疏》，巧用笔墨将"宵衣旰食、忧心如焚、劳苦劳碌"等词语，精巧组合成"宵旰忧劳"，来形容皇上殚精竭虑，励精图治，劳苦为民。当代已将"宵旰忧劳"收入各类《成语词典》。

人看邻人挑水不便，于是拆掉围墙重建，让自家井变为公用井。又如田肚村的"和合古桥"，是两村落齐心协力、和谐共处的结晶。除此之外，仙居人非常重视家庭且经常在建筑上表达出来，类似管山村"亦爱吾庐"的门匾题在仙居很是常见。

清正廉明的浩然正气　仙居又被人称为"御史故里"，据历史记载，仙居一共出过50多名御史监察官，其中包括吴芾、陈庸、郭磊卿、吴时来、吴存忠、卢明章等人。这些人的品质如同杨梅树一般盘踞郁勃、根如积铁，即使面对狂风暴雨也屹立不倒。

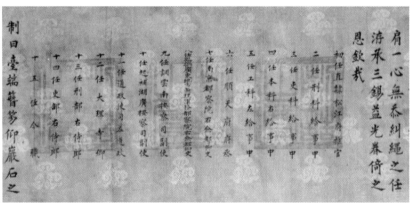

吴时来黄绫圣旨（仙居县政府／提供）

耕读传家的文脉传承 仙居人杰地灵，农知力稼、士习读书。从唐至清，出过166位进士，总数位列台州第二。仙居首位进士是唐代著名诗人项斯，也是台州第一位走向全国的诗人。当时的大诗人、国子祭酒杨敬之极赞项斯的文采和品质，因此写下了《赠项斯》："几度见诗诗总好，及观标格过于诗。平生不解藏人善，到处逢人说项斯。"因此有成语"逢人说项"。

项斯诗四首
山行

青枥林深亦有人，一渠流水数家分。

山当日午回峰影，草带泥痕过鹿群。

蒸茗气从茅舍出，缫丝声隔竹篱闻。

行逢卖药归来客，不惜相随入岛云。

项斯故里（朱岳峦／摄）

江村夜泊

日落江路黑,前村人语稀。

几家深树里,一火夜渔归。

赠别

鱼在深泉鸟在云,从来只得影相亲。

他时纵有逢君处,应作人间白发身。

梦仙人

昨宵魂梦到仙津,得见蓬山不死人。

云叶许裁成野服,玉浆教吃润愁身。

红楼近月宜寒水,绿杏摇风占古春。

次第引看行未遍,浮光牵入世间尘。

任侠好施的豪迈情怀 仙居多崇山峻岭,杨梅也多生长在高处,因此,长期穿梭于山间、上下于杨梅树上进行作业的仙居人无不身轻如燕、健步如飞,尤其擅长山地作战,而且当地盛产的杨梅酒、杨梅干是行军打仗治疗腹泻、水土不服的必备良药。在明代抗倭时,戚继光队伍里除了义乌矿工之外,仙居子弟也是戚家军中的重要组成部分。仙居人利用擅长山地作战的优势,常常出其不意,打得倭人抱头鼠窜。今天,仙居仍然保存着许多抗倭古城墙遗址,其中许多城墙都建在海拔几百米的高处,破败不堪的城墙边上屹立着几棵古杨梅树,它们见证了几百年前那段可歌可泣的历史。仙居县文物普查队在仙居安洲街道柱岩村以北发现一处明代抗倭古城墙。古城墙位于安洲街道柱岩村以北约2千米处的风门头岭,为军事防御城墙,海拔630米,是仙居至磐安古驿道——马鬃岭古道的要隘。据史料记载:"明嘉靖间婺人御寇于此,石垒犹存,俗呼风门头。"由此可以肯定此城墙为明代时期建筑,主要作用是防御倭寇经此侵入金华一带。在仙居，许多古村落中仍保存着许多武人府和武人练武道具，如大路村武举人府、清口园村武魁府以及习武的石锁和练功石等。自唐武则天长安二年（公元702年）开设武试到清光绪二十七年（公元1901年）武试结束，1 200年间有案可稽的武状元为282名，仙居就占4个。他们分别是胡谦、陈正大、张会龙、顾玉文。胡谦，仙居武状元第一人，历史上也多有记载。宋代陈仁玉在他的《胡释之聪夫二世伯传》如此描述胡谦："性温淳淳，好儒术书，夜阅不倦，尤精兵法。开禧元年，以武试魁天下，建功立业未可量也。"据仙居民间相传，胡谦自幼习武读书，春夏秋冬皆练武于杨梅林中。夏天渴了，就吃杨梅果解暑；冬天冷了，便喝杨梅酒暖身体；累了困了，倚在杨梅树上就睡。

成语的"高产地"

在仙居这一方神奇而美丽的人间仙境里，诞生了许多人们耳熟能详的成语典故。除上文中提到的"一人得道，鸡犬升天""逢人说项""宵旰忧劳"，还有"沧海桑田"与"东海扬尘"这两个成语，产生于今仙居县下各镇怀仁路南村。晋·葛洪《神仙传·王远》中记载："麻姑自说云：'接待以来，已见东海三为桑田。向到蓬莱，又水浅于往日，会时略半耳，岂将复为陵陆乎？'远（王远）叹曰：'圣人皆言，海中行复扬尘也。'"故"沧海桑田"即为大海变成桑田，桑田变成大海之意，后比喻世事变化很大。"东海扬尘"原谓东海变成陆地，扬起尘土。后比喻世事发生极大的变迁。

（二）亦食亦药的杨梅

杨梅是仙居最为普遍的夏季水果，其营养成分丰富，除含有葡萄糖、柠檬酸、乳酸、苹果酸、果糖之外，还具有高含量的有机酸、纤维素和维生素，可食价值十分高。而且在长达千年的食梅历史中，仙居人很早就发现了一种规律：每遇一些病痛时，吃几颗杨梅往往就能缓解症状，尤其腹泻、发炎、胃痛等病症直到今天，当地乡民仍然在沿用此法，杨梅的药用价值深入人心。

1. 食梅千载　药食同源

医学证明杨梅具有消食、御寒、消暑、止泻、利尿、治痢疾以及生津止渴、清肠胃等多种药用价值，在医学上用作收敛剂、强心剂、健胃剂、祛风剂、胸肺药、皮肤药和创伤药等。

表5-1　杨梅及其产品主要药用价值一览表

名称	作用
杨梅树皮	用于治疗食物中毒、皮肤湿疹、心腹绞痛、恶疮疥癣、跌打肿痛、刀伤出血、烧烫伤、骨折等
杨梅根	用于治疗胆囊炎、牙周炎与疝气
杨梅果	用于治疗等维生素C缺乏引发的牙出血、胃肠胀满或急性肠炎引起的腹痛吐泻、痢疾腹泻、小便不畅或有灼痛感、口干舌燥、低热烦渴、劳累过度引起的头晕、全身肌肉关节疼痛、各种损伤的止血生肌及预防中暑等
杨梅果汁	可以显著抑制亚硝酸钠和氮-甲基苄胺的致突变作用，具有潜在的抗癌变功能。
杨梅果酱	用于消肿止痛，可治疗扁桃体炎、牙痛、牙龈红肿、眼热痛、体外损伤、蜂蜇虫咬及身体其他部位的红肿化脓等。
杨梅种子	用于治疗汗脚、牙龈肿痛、各种损伤的止血生肌，可作为医疗上的收敛剂。
杨梅核仁	含维生素B_{17}，是一种较好的抗癌物质，杨梅核仁提取液对胃癌细胞具有杀伤抑制作用。

实际上，杨梅的药用价值不单是仙居人经验的产物，更是得到了中西医科学的认同。我国古今医书对杨梅的药用价值也多有记载。

表5-2 古今医书记载杨梅药用功效一览表

医书名称	药用描述
《本草纲目》	止渴，和五脏，能涤肠胃，除烦溃恶气。烧成灰服，断下痢。盐藏而服，去痰止呕吐，消食下酒。常含一枚咽汁，利五脏下气。干后制成屑，喝酒煎服方寸匕，止吐酒。
《证类本草》	和五脏，能涤肠胃，除烦愦恶气。
《食疗本草》	和五脏，能涤肠胃，除烦愦恶气，亦能治痢。
《日华子本草》	疗呕逆吐酒。
《开宝本草》	主去痰，止呕哕，消食下酒。
《玉楸药解》	酸涩降敛，治心肺烦郁，疗痢疾损伤，止血衄。
《现代实用中药》	治口腔咽喉炎症。
《中国药植图鉴》	对心胃气痛及霍乱有效。

在长期实践中，遗产地乡民以杨梅为原料，创造出了许多独特又颇有效果的土方子。

亦药亦食的杨梅酒（仙居县政府／提供）

2. 杨梅入菜　养颜开胃

走在仙居县的路上，看到年轻人大多明眸皓齿、朝气蓬勃，而老者亦鹤发童颜、精神矍铄。这和当地人长期吃杨梅不无关系。科学证明，杨梅可以美容，被誉为奇妙果，富含美白肌肤不可缺少的维生素、矿物质和食物纤维等，是理想的美容水果，深受万千女性的喜爱。更重要的是，杨梅中还含有花青素，花青素是纯天然的抗衰老的营养补充剂，研究证明它是当今人类发现最有效的抗氧化剂，它的抗氧化性能比维生素E高出50倍，比维生素C高出20倍。花青素在欧洲，被称为"口服的皮肤化妆品"，尤其是杨梅花青素，能营养皮肤，增强皮肤免疫力，应对各种过敏性症状。是目前自然界最有效的抗氧化物质。它不但能防止皮肤皱纹的提早生成，还可维持正常的细胞联结、血管的稳定、增强微细血管循环、提高微血管和静脉的流动。

另外，杨梅的维生素C具有抗氧化作用，越来越多的研究显示抗氧化是预防衰老的重要步骤，因为自由基或氧化剂会将细胞和组织分

采摘杨梅的仙居女子（仙居县政府／提供）

解，影响代谢功能，并会引起不同的健康问题。由此，摄取足够的抗氧化剂，可以延缓身体衰老速度，防止肌肤衰老，并保持青春神采。

仙居人擅长栽梅采梅，更擅长吃梅。在长达千年的栽梅历史中，聪慧的仙居人开发出上百种以杨梅为食材的杨梅美食。除常见的杨梅干、杨梅酒之外还包括杨梅菜肴、杨梅糕点和杨梅冷饮等。其中杨梅菜肴就达70多种，烹调方法包括蒸、炸、炒等多达十几种，其口感多样，风味也各异。

杨梅烧鸡　大吉大利　一个是中华第一杨梅，一个是中华第一鸡，这二者作为食材入锅，必然会碰撞出不一样的火花。灵动俏皮的仙居鸡肉质紧实，经油锅稍炸片刻便色泽金黄，扑鼻的香味就阵阵袭来。这时，将洗净的杨梅入锅，杨梅果香和鸡肉香味很快融合到一起，而杨梅汁也成为鸡汤中的一抹抹红，紫红的酱汁包裹着金黄的鸡肉，让人一看便垂涎三尺。初尝一口，便浑身一颤，鸡肉的香醇夹杂着果肉的清香，给人以惊艳，如此难以言喻的香味，久久不能散去，待吞下去以后，又回味悠长。又因"鸡"和"吉"音相近，故有"杨梅烧鸡，大吉大利"之说。逢年过节，桌子上端上一碗杨梅烧鸡，孩童们叽叽喳喳，争碗夺筷，来抢尝这一"硬菜"，大人们脸上亦洋溢出幸福的笑容。

仙居鸡为原料制作的白斩鸡（仙居县政府／提供）

杨梅河虾 饮酒一佳 生活在水质清澈的永安溪中的河虾，肉质鲜美，虾肉中所含蛋白质是鱼、蛋、奶的几倍到几十倍，有利于消化，对孕妇、儿童及身体虚弱的人尤其有益，再加上清爽可口的冰镇杨梅，组成别出心裁的一道菜。挥汗如雨的夏日，一碟杨梅河虾，一壶小酒，得半日之闲，可抵十年尘梦。

常见杨梅菜肴

冷菜： 梅汁烤小排、梅山花生米、水晶杨梅糕、杨梅色拉果、原味杨梅干、杨梅酒醉虾。

热菜： 梅汁淋大黄鱼、梅味香烤河鳗、杨梅红美滋蟹、梅酒旺焖鸡翅、家乡珍珠杨梅、梅露焗捞鲍鱼、清凉冰糖杨梅、杨梅桃酱锅巴、私房小炒杨梅、梅兰养生山药。

点心： 杨梅起司蛋糕、杨梅冰激淋、杨梅布丁。

（三）寓意独特的梅俗

仙乡人对杨梅的喜爱发自内心、刻印肌骨，他们赋予了杨梅许多鲜活的形象，并创造出了许多关于仙居杨梅的民间故事。不少民歌之中，也都藏有杨梅的身影，最具代表性的《杨梅仙子》中唱道："没见过这样迷人的娇艳，你的魅力波动我的心弦，没尝过这样深沉的甘甜，你的纯真滋润我心田。"总之，在仙居，杨梅早已超越了水果或食品的象征，完全融入到仙居人的日常生活当中，当地习俗、节庆、商贸、饮食、建筑、服饰、耕作习惯等无不与杨梅息息相关，其文化形式多彩多样。

1. 杨梅节俗　消厄迎新

　　除了食用与药用之外，杨梅还在仙居人的日常生活有着重要作用。仙居人以小小的杨梅为原料，制作出了超过30种的杨梅产品；而以仙居杨梅为原型的产品种类更是繁多，仙居特色传统工艺品、国家非物质文化遗产"仙居针刺无骨花灯"中就有"杨梅灯"，仙居儿童所戴的一种帽子上就有两束杨梅状的装饰物，意为"挂杨梅，厄运没"的好兆头。每当杨梅熟时，乡民总要广邀亲朋好友来家里品尝杨梅，庆祝一年的丰收，并把杨梅作为赠客的佳品，谁家杨梅越多，便越自豪，因为这是勤劳与财富的象征。仙居乡民每遇婚嫁喜事，必会饮用杨梅酒，该酒晶莹透红，十分喜庆，而且甘醇带甜，口感也十分醇厚。甚至仙居人的服饰也与杨梅有关，据《仙

具有杨梅特色的儿童帽（仙居县政府／提供）

清代仙居女子夏装（仙居县政府／提供）

居县志》记载：民国时期，仙居乡民无论老少贫富，在夏天的时候皆穿短衫，露出臂膀，即所谓"赤膊"，这种穿衣习俗就是来源于夏季采摘杨梅的劳作方式，由于杨梅果鲜嫩娇贵，稍微触碰颠撞就易失品相和口感，所以需要穿短小的上衣，以尽量避免衣服与杨梅接触。

2. 以梅传情　郎情妾意

在仙居乡民的爱情与亲情关系中，杨梅承担着重要的角色，不仅见证了一桩桩的婚姻与家庭美事，还寄托了男女之情和父母之爱。

仙居青年恋爱期间，杨梅就常被作为诉说和传达爱意的媒介。《十望郎》中说："姐姐手捏青竹子大黄梅，黄梅不落杨梅落，含着眼泪望郎来。"七月的时候，姑娘如果去看生病的情郎，常会带着杨梅过去。《十张郎》有载："七月初一看张郎，莲子杨梅送情郎，碰敬郎君口中尝。"

待男女快要缔结婚姻的时候，女方父母需要去男方家考察，如若看到家中杨梅树多果大，通常就会十分满意，这表明男方家比较勤劳与富裕。婚期如果是在夏季，男方家就会挑选个头硕大、颜色鲜艳的杨梅作为聘礼，杨梅颜色越红，便越喜庆；果子越甜，预示着将来夫妻生活就会越甜美，所以《爱在仙居》唱道："采一串杨梅送贺礼，点一派花灯拜天地。"

为了使家庭生活得更好，仙居丈夫会选择外出做工。每到七月，想到家中杨梅果熟，不禁会思念家人。仙居民歌《长工歌》唱道："七月长江七月天，杨梅树挂杨梅果。糙米粥饭吃半年，但愿

表达爱意的杨梅水墨画（仙居县政府／提供）

家人过红火。"

　　仙居杨梅与仙居广大家庭之间存在的不可分割的羁绊，使得仙居乡民常将杨梅视作家庭中最大的财富，这种财富随着家庭亲缘关系的传承，而代代相传。在仙居，甚至会发生家庭兄弟俩继承父辈财产时，在拥有继承房子或杨梅林的情况下，为争抢杨梅继承权而大打出手的趣闻，而这种"要梅不要房"的事迹在仙居并不是个例。

3. 仙梅传说　民情所寄

　　仙居人对杨梅的喜爱长达千年，这种喜爱已深深地刻在了他们的骨子里，从他们将杨梅称呼为"仙梅"就可见一斑。杨梅既是仙居乡民的主要生计来源，更是他们的精神寄托和骄傲所在，每当杨梅成熟时，乡民总要广邀亲朋好友来家品尝杨梅，庆祝一年的丰收，并把杨梅作为赠客的佳品。仙居乡民每每介绍杨梅时，便会不由自主地露出微笑。正是这种发自内心的热爱，让他们赋予了杨梅许多鲜活的形象，并创造出了许多关于仙居杨梅的民间故事。

　　男人喉结和女人怀孕肚大的来历　相传王母娘娘命人下凡种下了许多杨梅树，以供众仙品尝。不料在某日被一对夫妻路过时偷食，俩人刚把杨梅果放在口中时，被一个杨梅老倌看到，老倌的大声呵斥让夫妻二人吓了一大跳，妻子口中杨梅滑到了腹中，而丈夫的杨梅则哽在喉头。为了惩罚这两人，王母就让妻子怀孕后肚子慢慢涨起来，直到生完小孩才恢复原状，而丈夫口中的杨梅就永远哽在喉头，久而久之就变成了喉结。

　　杨梅配酒考运到　相传仙居有位书生即将进京赶考时，在街上先后偶遇三位同窗，三人均很热情，并邀请书生到家做客。第二日，书生果真赴约，但第一位和第二位同窗均以各种理由拒绝宴请书生，第三位同窗则以杨梅配酒的形式招待了他，并祝福到："杨梅配酒，高中不久。"果然，书生后来高中进士，他不忘"杨梅配酒"的恩情，厚谢了曾经的同窗。杨梅配酒就成为同窗情意和考运的象征。至今，在仙居当地有个习俗：在考试前吃杨梅或者喝杨梅酒。因为"杨梅"和"扬霉"同音，即扬去霉运之意。故当地有"考前一杯杨梅酒，至少考到九十九"的说法。

杨梅仙子斗恶龙　相传千百年前有一东海恶龙来到仙居作乱，它呼风唤雨、兴风作浪，让整个仙居变成一片汪洋，生灵涂炭。一位仙子不忍仙居疾苦，私自下凡与恶龙对抗。仙子与恶龙整整相战了七七四十九天，期间，整个仙居天昏地暗、鬼哭狼嚎。最终，仙子战胜了恶龙，她用尽最后的法力将恶龙幻化成了永安溪，世代守护哺育着仙居人民，然而仙子也因法力尽损而死，仙子死后，身体化作一棵棵杨梅树。此后，仙居人民世世护梅、代代栽梅以铭记仙子的恩情。

这些故事传说，自然虽然有悖于现代科学常识，但世世代代的仙居人，仍然津津乐道，还以口口相传、祖辈相授的方式让它们广为流传，以此寄托对仙居杨梅的喜爱之情。

4. 与梅结缘　道教圣地

仙居道教文化源远流长，早在汉代即有得道真人王方平、蔡经等游历仙居的踪迹，徐来勒、左慈、葛玄等大道名人均来此修真炼丹，丹井至今尚在。仙居道教文化繁盛昌隆，括苍洞为中国道教第十洞天，麻姑岩丹霞洞是中国道教第十福地。仙居之所以能引名道方游、促道教繁盛，自然因为它是一处仙气氤氲的道家宝地。在仙居，峰奇幽深、林翠水清，有仙山、仙水，还有"仙梅"。

少有人知的是，早在仙居道教兴起之初，仙居就已与杨梅结缘。隋唐时期，仙居县域的第一所道观"万寿宫"于屏风岩山顶落成，道观旁就分布着数棵古杨梅树，可见，在当时的道家看来，杨梅很符合道家之韵，所以才在梅林旁建观，有"杨梅守观"之意，十分应景和谐。可能正是沾染了道家之神韵，万寿宫旁有株古杨梅树一直存活至今，该杨梅树盘踞郁勃、横枝拂地，根如积铁、叶如剪桐，被喻为仙居乃至中国的"杨梅树王"。

括苍山道教十大洞天之一的"真源"（朱岳峦／摄）

在道教教义中，杨梅本就与道家颇为有缘。例如道家"八仙"中的唯一一位女性神仙何仙姑，本是以织鞋为业的农妇，宋初《太平广记》引《广异记》称之为"何二娘"。何二娘游于罗浮山时，住在山寺中，她经常采集山果供众寺僧充斋。一日，远在四百里外的循州山寺僧来此寺，称某日曾有仙女去彼山采摘杨梅果子，经查实那天正好是二娘采果的日子，加之大家又不知二娘从何处采来如此众多的山果，便认为二娘即为循州山寺采果之仙女，从此擅摘"杨梅果子"的何二娘远近闻名，被世人称之为"何仙姑"。

在杨梅文化兴旺的仙居，由仙居人民所建立起来的道教与杨梅的羁绊则更加深厚。当地《道士山歌》中就有唱道："晚上坛前祖师爷来啰，保得太平并康健。……山歌好听口难开，杨梅好吃树难栽。"另外，在仙居先民的世代传颂的故事"吕洞宾与何仙姑对药"中，其中有剂名叫"八宝丹"的药方就含有杨梅，此药甜中带酸。所以在仙居人的眼中，杨梅被冠以"仙梅"之称。在当地乡民的认知中，杨梅既沾有道家神韵，杨梅山自然就能出神仙。相传仙居原岭梅乡东边一座栽有杨梅的仙山上就曾住着五位仙人，他们在山上悬壶济世、抚恤孤寡，深受附近百姓的爱重。

5. 以梅为源　仙水长流

仙居素有"八山一水一田"之称。当地群山环抱、河谷建城，县内共分布有永安溪（主干流水）、朱溪港（永安溪第一大支流）、十三都坑（第二大支流）、北峱坑（第三大支流）、九都港（第四大支流）等水系，这些水系皆是来自群山的山溪。鉴于群山多种杨梅，杨梅又有水土保持、涵养和过滤水源的作用，点点雨水山泉或从山体表面的梅林中穿流而过，或从山体内部的杨梅根系下渗透而出，最后汇于山脚河谷，直至聚成大溪，所以从一定程度上讲，仙居杨梅便是仙居水文化的源头。

仙居境内分布的诸多山溪，是孕育与滋养当地文明、文化的源泉。早在距今一万年前第一批下汤人跋山涉水迁居此地时，就将群落安置在了"依山傍水、坐北朝南"的地貌位置上，与仙居境内最大的一支水域、灵江两大源头之一的永安溪毗邻而居，所以永安溪被当地人喻为"永安母亲河"。

以永安溪为首的仙居水系水清质濯、甘甜佳美，据水质分析，可达一级饮用水标准，是极少见的一条没被污染的河流。不仅供应仙居人的全部生活与生产用水，还曾缔造了发达的水运文化。由于永安溪上游全达仙居腹地，中游则与陆上"台括孔道"的起点皤滩交汇，下游出仙居汇入灵江与海运相接，所以永安溪一度是仙居的"黄金水道"。在永安溪水运最繁盛之时，溪上满载食盐、杨梅等货品物产的船只攒簇密集、往来不绝。"好山"才有"好水"，"山青"才能"水秀"，仙居人将维系自己生命线的山溪视为珍宝的同时，对钟灵毓秀、层峦叠翠的杨梅山林也就更加热爱。

在今天，永安溪漂流成为来仙居必游景点之一。"小小竹筏溪中游，巍巍青山两岸走"。炎炎夏日，乘一叶竹筏顺流而下，吃着鲜杨梅唱着歌，远离城市的繁华和喧嚣，欣赏两岸起伏的山峦、纵深的峡谷，呼吸着扑面而来的新鲜空气，在山、水、林间体验自然情趣。

（四）杨梅入诗的情愫

文人墨客对于仙居杨梅的喜爱常以诗词的形式来抒发，这些诗词是杨梅文化的重要组成部分。早在宋代，王铚就作诗赞曰："会稽杨梅雄天下，越山杨梅最珍美。"王以宁同样留有诗句赞曰："一种天香胜味"。不过流传最广、评价最高的要属北宋文豪苏轼的诗："闽广荔枝，西凉葡萄，未若吴越杨梅。"

系统内挂新果的古杨梅（潘柳芳／摄）

在仙居杨梅诗赞中，以明清两朝数量为最。例如明代诗人吴炳赤在登仙居景星岩时写道："抹月披风无杨梅，吟诗酌酒浑妄念。"在吴氏惦记着仙居杨梅美食的同时，另一明代诗人朱光勋却留恋着仙居杨梅林的美景："钟磬高悬闻白昼，烟霞深锁扣杨梅。"圆俏雅致的杨梅景观同样也吸引了清代诗人叶舟的驻足，他在《度横溪》一诗中记到："竹杖芒鞋得得来，但见前村数枝梅。"另一名叫"也僧"的诗人所作《惜花词》曰："杨梅怜香艳，惜花不摘花"。

1. 诗意仙居　物华天宝

从古至今，仙居如同仙境般的美景自然获得了许多文人骚客的"投稿"，与此同时，姿丰质鲜，祛欲解馋的仙居杨梅也成了入诗必不可少的"素材"。唐朝的平可正认为仙居杨梅价值千金，他在《杨梅》一诗中记到："五月杨梅已满林，初凝一颗价千金。"清代的李渔则用"醉色染成馋客面，馀涎流出美人脂"，描绘出人们无法抵挡仙居杨梅美味诱惑的画面。

杨梅

唐　平可正

五月杨梅巳满林，初凝一颗价千金。

味方河朔葡萄重，色比沪南荔子深。

会稽杨梅雄天下其佳者皆出项里相传项羽乡里

宋　王铚

越山杨梅最珍美，人杰地灵生项里。

江东庙食忆至今，应缘似舜重瞳子。

南方炎威无时穷，落在故乡草木中。

请看枝头万点火，犹是咸阳三月红。

摧刚作柔随物转，妇人之仁仍可见。

风姿和味说难名，颜色与香收易变。

炎炎夏日帘影垂，玷污玉笋明瓠犀。

映出越女天下白，压倒骊山生荔枝。

金鼎夺胎尤出类，万人口腹非其对。

外丹须要内丹成，任君封树连园买。

七字谢绍兴帅丘宗卿惠杨梅二首其一

宋　杨万里

梅出稽山世少双，情知风味胜他杨。

玉肌半醉红生粟，墨晕微深染紫裳。

火齐堆盘珠径寸，醴泉绕齿柘为浆。

故人解寄吾家果，未变蓬莱阁下香。

杨梅

清　李渔

性嗜酸甜似小儿，杨家有果最相宜。

红肌生粟初圆白，紫晕含浆烂熟时。

醉色染成馋客面，馀涎流出美人脂。

太真何事无分别，同姓相指宠荔枝。

中华人民共和国成立之后，尤其是改革开放之后，仙居经济飞速发展，人民的生活就如同流霞耀眼的杨梅果一般，越过越红火。当代仙居诗人们怎能安耐得住笔墨，他们写下了一篇篇赞美美好生活的诗歌，当然，诗歌中必然少不了仙居经济腾飞的功臣—仙居杨梅、仙居鸡等。

改革开放看仙居

王凤林

中华大地沐春风，古邑烟霞欣向荣。

玉宇高楼遍乡镇，时装艳服饰工农。

林荫草地歌声朗，鹤发峨眉情趣浓。

万户千家玩电脑，五溪九岭舞银龙。

园区栉比货源足，商贾穿梭财路通。

春乱花开西畴绿，秋高气爽景星红。

杨梅透紫宾朋赴，菜花吐黄蜂蝶拥。

生态仙居育华夏，神山秀水郁郁葱。

赞仙居杨梅

王凤林

五月杨梅树满栖，红丹绿叶压枝低。

脱贫致富家家喜，果丰囊盈岁岁跻。

仙居三黄鸡

王森富

"仙绿"锦鸡呈异彩，"三黄"土蛋树名牌。

青年创出辉煌业，无私奉献尽开怀。

丰果图

方优美

汗撒绣成丰果图，村周舞翠万千株。

荒山野岭开财路，仙邑东魁品味殊。

2. 仙居民歌　千年传唱

仙居民间虽无文墨，无法吟诗赞梅，但他们在时代耕作中创造了一首首脍炙人口的民歌，不少民歌中都有杨梅的身姿。与诗词相比，民歌更加通俗易懂，传唱度也更广，体现了乡民对杨梅质朴与敦厚的喜爱。

《卖羊歌》"火萤台，矮矮来，飞到头上摘杨梅。"

《欺》"人把鸡，鸡啄蜂，蜂刺梅。"

《采茶歌》"六月采茶暖洋洋，倒天杨梅好乘凉。"

《农谚歌》"夏至风从西起，农夫采梅不枉然。"

《五瘟山歌》"杨梅花开叶有青，罗成淘沙苦出身。"

《爱在仙居》"采一串杨梅送贺礼，点一派花灯拜天地。"

《杨梅仙子》"没见过这样迷人的娇艳，你的魅力拨动我的心弦，没尝过这样深沉的甘甜，你的纯真滋润我心田。人间仙居才有这样的娇艳，神姿仙态是你山的笑脸，天上琼台才有这样的甘甜，如幻似梦是你水的缠绵……"

（五）山水孕育的名产

仙居境内，千峰叠翠，万壑峥嵘，山清气嘉，瑞氛氤氲，沃泽厚土，福地神天。如此善域，必有名产。

1．古仙杨梅　隽味腴长

仙居杨梅（果）是古杨梅群复合种养系统孕育出的最具代表性的农产品，绿色、有机、高营养，具有很高的食用价值。与一般杨梅相比，仙居杨梅个大、核小，尤其是东魁杨梅，形状大如乒乓球，实为"东方之魁"。仙居杨梅颜色娇艳，或白里透红，或红火流丹，或青紫被身，让人一瞧便唾津自生、食欲大增。方至嘴边，沁入心脾；未下胃囊，满口涎淌。细心品尝，其味隽长，何其甘醇，齿颊香兮心肺润。且仙居杨梅的酸甜度堪称完美，甜中藏酸、酸中浸甜，所以当地人流传着这样一句话："日啖杨梅三百颗，不辞长作仙居人。"

仙居杨梅可酿酒，也可加工成为蜜饯、果酱、果汁、杨梅罐头等食物。据农业部（现为农业农村部）果品及苗木质量监测中心检

吃杨梅小贴士

杨梅买回来后，一定要用含盐开水浸泡一会，时间大约10~15分钟，太酸的东西用盐水泡过之后，酸味可以减弱，然后将杨梅捞出来洗净后就可以进食了，千万不要连核一起吃，更不能一次吃的太多。

杨梅千万不能跟黄瓜、牛奶一起吃，食物之间也是有配伍禁忌的，两种相克的食物一起吃会损害健康，还有也不能和大葱、胡萝卜一起吃，为了避免与这些食物发生冲突，建议在两餐之间吃杨梅，这样既可以更好的吸收杨梅的营养，也不会与任何食物发生冲突。

胆囊炎和胆结石的患者不适合吃杨梅。因为杨梅的酸性非常强，已经患上胆结石的患者吃杨梅会导致病情加重，而胆囊炎的患者吃杨梅会增加刺激，引起胃肠的不适感。

繁果满树的仙居杨梅（仙居县政府／提供）

测，仙居杨梅富有蛋白质、糖、果酸、钙、铁、葡萄糖、果糖、柠檬酸、苹果酸和多种维生素，可溶性固形物含量10.9%～14.6%，可滴定酸含量为0.97%，每100克维生素含量为15.23毫克，确实是不可多得的果中珍品。古人虽不懂科学，但仙居杨梅色味俱佳、药食兼具的特性已足够令其被喜爱和追捧。南宋枢密院编修王铚评曰："会稽杨梅雄天下，越山杨梅最珍美。"南宋王以宁则赞道："一种天香胜味。"苏东坡更是写下了"闽广荔枝，西凉葡萄，未若吴越杨梅"的评说。

正是因为具有高出一般杨梅的食用价值，"仙居杨梅"早在1999年就荣获中国国际农业博览会名牌产品。2001年，"仙绿"牌仙居杨梅获中国农业博览会名牌产品和浙江国际农业博览会金奖。2002年，"仙绿"牌杨梅通过绿色食品（A）级认证，获准使用绿色食品标志。2003年，"仙绿"牌杨梅再被评为"浙江省首届十大精品杨梅"。2007年，"仙居杨梅"证明商标获国家商标局批准。2009年，"仙居杨梅"证明商标在美国、法国等13个国家成功注册。2012年，"仙居杨梅"被国家市场监督管理总局评为"全国驰名商标"。

2. 仙居山鸡　中华第一

仙居鸡是当地最具代表性的原生土种禽种，因常年生于山地梅林之间，敏捷活跃、野性十足，加上日常所食皆源于山中所孕育的绿蔬与活食，所以肉质紧致、鲜嫩无比，实乃美馔佳肴。科学证明：仙居鸡含有丰富的黑色素、蛋白质、维生素等，其微量元素含量、血清总蛋白和球蛋白质含量均高于普通鸡肉，是营养价值极高的滋补品，在仙居当地，有"逢九一只鸡，来年好身体"之说。

早在1989年，仙居鸡就作为全国唯二的卵用性地方良种（另一个为白耳黄鸡）入选了《中国家禽品种志》，且被排在首位，由此又有"中华第一鸡"的美誉。关于仙居鸡最早的文字记载见明万历《仙居县志》，但其选育繁衍史远远不止400年。仙居鸡属小型鸡种，小巧玲珑，但结实紧凑、体型俏美，头顶红色单冠，尾缀高翘羽翎。羽毛紧密，且毛色亮丽，有黄、白、黑三种，以黄色居多。仙居鸡几乎具备山鸡的全部优点：敏捷性高、觅食力强、就巢性弱、产蛋期早、产蛋量

仙居三黄鸡（仙居县政府／提供）

蛋香四溢的仙居鸡蛋（仙居县政府／提供）

高。2000年，仙居鸡被列入国家级畜禽品种资源保护品种。2007年，仙居鸡被国家质量监督检验检疫总局批准为"国家地理标志保护产品"。2011年，仙居鸡获国家市场监督管理总局"证明商标"批准。2018年，仙居鸡被农业部颁发农产品地理标志登记证书。

仙鸡产仙蛋，仙居鸡一般在出壳后四个半月就开始产蛋，平均年产蛋200个左右，蛋重40～45克，蛋体虽小，但蛋形漂亮、蛋白黏稠度高，口感风味皆高于普通鸡蛋，所以早在2010年，仙居鸡蛋就涨到了2.2元／枚，到2019年，有些品质较好的仙居鸡蛋可以卖到0.5千克四五十元，这是市场对仙居鸡蛋最好的认可。

明太祖和仙居鸡

　　仙居鸡也就是著名的"三黄鸡"，该名由明太祖朱元璋钦赐，也是因黄羽、黄喙、黄脚而得名。相传朱元璋在当上皇帝之后，天天佳肴美味，久而久之，对于熊掌、鲍鱼、乳猪等皇家菜肴逐渐失去兴趣，总觉得没什么味道，一到吃饭就感到苦恼。

　　一日，又到午饭时间，朱元璋面对满满一桌子饭菜却毫无胃口。此时，刘伯温端上来一碗鸡汤让朱元璋品尝，朱元璋一看是一碗普普通通的鸡汤便有点生气。刘伯温笑道："皇上一定要尝一尝。"朱元璋拗不过，不情愿地喝了几口，发现味道极其鲜美，一边赞赏鸡汤一边风卷残云将剩下的鸡汤喝完。稍做回味后便问："美哉！此为何鸡？"刘伯温回答："此鸡产于仙居，黄羽、黄喙、黄脚，鲜嫩肥美。"朱元璋听后笑道："好一个三黄"，故赐名"三黄鸡"。此后，仙居鸡便名满天下。

3. 杨梅蜂蜜　凝如割脂

　　仙居乡民历来就有在山林中养蜂的习惯。早在魏晋南北朝时，与仙居相距不远的温州就已具备了在平原地区"以蜜涂桶"收容分蜂群的技术，这说明技术难度更低的仙居山区养蜂的历史应该更早。而且，仙居诸多杨梅山上生长着不少零星开花的草本植物，如十字花科、山茶科、五加科等植物都依赖蜜蜂授粉，这从侧面也说明了当地养蜂历史的久远。

　　土蜂是浙江仙居杨梅栽培系统内体型最小的农业物种，具有系统中不可或缺的授粉采蜜能力。当地饲养的蜂种皆是"中华蜜蜂"（简称"中蜂"），属中国独有的蜜蜂品种。2006年，中华蜜蜂被列入农业部国家级畜禽遗传资源保护品种。

　　仙居蜂蜜由中华蜂采杨梅等百花酿制而成。仙居蜂蜜为混合蜜，集百花之精华，还混有蜂胶、蜂蜡等成分，加之酿蜜周期长，所以蜂蜜呈凝固黏稠的固体状态，古书形容为："凝如割脂"。此种蜂蜜纯度高、甜味浓，含有多种能被人体直接吸收的微量元素，不少蜂蜜中藏有杨梅的甘酸味，有的则有较浓的中草药味，是用作药引的首选蜂蜜。

4. 仙居绿茶　沁人心脾

　　仙居绿茶由混栽于杨梅系统内的茶树叶芽为原料制成，是仙居人最为常用的饮品之一，有"每天一杯茶，赛过活神仙"的说法。仙居人自古就有饮茶的传统，相传仙居第一位进士就甚爱对梅饮茶，他在《山行》一诗中记到："蒸茗气从茅舍山，缫丝声隔竹篱闻"。勇斗大贪官严嵩的明代贤臣吴时来同样嗜茶。据科学分析：仙居绿茶叶的化学成分是由3.5%～7.0%的无机物和93%～96.5%的有机物组成，其中无机矿物质约有27种。1981年，仙居绿茶参加全省名茶质量评比，以其外形条索细紧秀丽，色泽翠绿，妩媚动人，嫩香持久而被评为浙江省一类名茶。1991年，仙居绿茶获"浙江省茶叶学会斗茶会优良奖"。1993年，仙居绿茶被评为"浙江名茶"。1998年，仙居绿茶被评为"浙江省优质农产品"。1999年，顺利通过德国BCS有机茶认证机构检查认证，为台州唯一获得国际认证的有机茶。2001年，在中国国际农业博览会上被认定为"名牌产品"。2002年，又获"中国精品名茶博览会金奖"。

　　每逢山花烂漫，新茶上市时节，几乎天天有好抢早喜新，思仙居绿茶若渴的客户，不顾路遥体乏，驱车盘旋穿插在蜿蜒的仙居山路上。

翠绿欲滴的仙居绿茶（仙居县政府／提供）

5. 八味药草　道地驰名

浙江仙居杨梅栽培系统内的中草药品种以"浙八味"最具代表性。"浙八味"实际是浙江省最有名的八种道地药材的统称，有新旧之分，旧"浙八味"包括：白术、白芍、浙贝母、杭白菊、元胡、玄参、笕麦冬、温郁金，其种植历史超过1 000年；新"浙八味"则包括：铁皮石斛、衢枳壳、乌药、三叶青、覆盆子、前胡、灵芝、西红花，这些中药材因质量好、应用范围广及疗效佳而为历代医家所推崇。

由于史料缺乏，仙居最早栽种"浙八味"的年代已无从详考，但据当地药农口口相传，最迟到明代就已经大规模种植，而且新旧"浙八味"皆有栽植，具体包括4种旧"浙八味"：白术、浙贝母、元胡、玄参；2种新"浙八味"：铁皮石斛、覆盆子。经当地乡民几百年的世代实践和选择证明，此6种"浙八味"与当地风土气候最为相宜，与杨梅间轮作套种的效果也是最佳，堪称高产质优。得益于仙居杨梅优秀的保水保肥能力，目前全县中药材种植面积3.21万亩，而且正持续扩大中。

表5-3 浙江仙居杨梅栽培系统内草药的药用部分和功效

中药名	药用部分	功效
元胡	块茎	行气止痛、活血散瘀、治跌打损伤
浙贝母	鳞茎	清热化痰，散结解毒
玄参	根	清热凉血、滋阴降火、解毒散结
白术	块茎	健脾益气、燥湿利水、止汗、安胎
铁皮石斛	茎	滋阴补肾、降火明目、养血生精、利胆生津
覆盆子	果实	添精补髓、固精缩尿、疏利肾气、养肝明目

六

面山思危　未来可期

　　"仙人居处多锦绣，青山红梅入画来"。古杨梅群复合种养系统不仅是仙居遗产地居民的最主要生计来源，也是国家东南部生态屏障战略的组成部分，更是当地千年实践的产物和农业智慧的结晶。从生计安全角度看，杨梅是仙居的富民产业，是仙居的一张"金名片"，杨梅产业已成为增加农民收入的重要支撑。从生态保护角度看，仙居古杨梅群复合种养系统占域广阔、物种丰富，是仙居整个生态系统的重要组成部分，具有水土保持、水源涵养、控温增湿、净化空气、环境调节等多种生态功能。从农业文化角度看，仙居乡民因地制宜地依据当地山地地势、资源、水质、土壤等特点，创造性地探索出以杨梅种植为核心，"梅－茶－鸡－蜂"有机结合与立体布局的复合型农作模式，并形成了多彩多样的特色文化。

　　然而，近年来，杨梅种植面积盲目扩大，杨梅基地面积由2000年的5万亩增加到2017年的13.8万，加之古杨梅群种质资源保护力度不足，杨梅基地的生态环境问题日益严峻。此外，随着经济发展的压力与日俱增，仙居县杨梅基地小规模经营方式的弊端逐渐暴露，组合化程度较低、品牌效益不强以及人工成本的不断增加，再

仙居遗产地的杨梅树（陈春棠／摄）

加上遗产地多样性退化，传统杨梅品种特性挖掘有待提高，同时，在整个古杨梅群复合种养系统中，除了杨梅一枝独秀外，茶、鸡、蜂的发展仍存在较大空间，仙居古杨梅群复合种养系统的未来发展面临前所未有的挑战。

保护仙居古杨梅群复合种养系统已迫在眉睫，任其如此发展下去，将可能导致仙居古杨梅群复合种养系统逐步退出历史舞台。保护仙居古杨梅群复合种养系统，同时也是保护仙居遗产地居民赖以生存的环境和仙居杨梅的文化载体，更是保护仙居人与自然共同创造的璀璨历史文化。

（一）总结得失　梳理已有措施

仙居县是全国杨梅无性繁殖的发源地，在漫长的数百年演化中，仙居遗产地居民根据生产经验，已构建了一套独特的遗产地保护体系，并加速了杨梅基地的生态建设，延伸了杨梅产业链。此外，当地人民还结合外部力量，加大杨梅产业的技术投入，并逐渐重视杨梅文化遗产的保护。与此同时，仙居遗产地居民还将"梅－茶－鸡－蜂"有机结合，形成了一套立体布局的复合型农作模式。

1. 多维一体　防控保护

经过漫长的时间积累，仙居遗产地居民在杨梅的生产环节已逐步摸索出一套独特的方式。在杨梅生产种植方面，仙居遗产地居民在栽杨梅、耕作除草的长期生产实践中，积累了较丰富的生产经验，对杨梅耕作的时期、深度和年限都形成了成熟的种植技术。在杨梅修剪方面，20世纪80年代末，仙居遗产地的居民已推广杨梅定形修剪、轻修剪、深修剪、重修剪等四种类型修剪技术，此法沿用至今。在杨梅施肥方面，仙居遗产地居民也有自己独创的施肥法，在施肥时因树因地灵活施肥。对于部分平地杨梅基地，在幼龄杨梅基地内套种花生、蕨类作物，进行"活覆盖"。在病虫害防治方面，贯彻"预防为主，综合防治"的方针，采用杨梅栽培技术防治、化学防治、物理机械防治等方法防治病虫害。在农残控制上，20世纪90年代中期，仙居县政府先后下发《关于禁止销售、使用高毒、高残留农药的通知》，对"农残"降解工作做出具体规定。

杨梅农残检测（仙居县政府／提供）

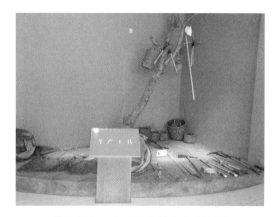

杨梅生产工具（仙居县政府／提供）

此外，当地居民充分利用各物种间的物性相吸、配合默契，完全通过自然的方式对古杨梅群复合种养系统进行保护。当地居民考虑到杨梅和茶树的生物性极其相似，将杨梅与茶树间作混栽，以增加整个系统的水土保护和阻风抗寒能力。此外，当地居民还在林间养鸡，梅林和茶林给仙居鸡提供了广阔的活动空间和饲料来源，而仙居鸡的粪便也能被作为林木的天然养料。与此同时，当地居民还在林间养"中华蜂"，对系统生态环境的稳定与多样性起到了重要的支持作用。当地居民凭借千年的经验和智慧，利用自然物种构建了一套全方位立体的古杨梅群复合种养系统的保护体系。

2．因地制宜　生态基地

仙居县生产杨梅已有千年历史，但由于先前未注重生产模式和生产方法的优化与改进，杨梅产业未能形成规模与特色。近年来，政府倡导因地制宜发展地方特色产业，因此仙居县更加重视杨梅产业的发展。在系统生态建设方面，仙居县政府实行山、水、林、园、路统一规划，综合治理，宜杨梅则杨梅，宜田则田。目前，仙居县的累计山地流转面积已达20万亩。此外，通过山地资源有偿流转，仙居吸纳了大量的民间资本、工商资本投入杨梅等高效生态产业的发展，全县涌现出一批适度规模经营、集约化管理、效益显著的杨梅生产基地。县委县政府还编制了《浙江仙居杨梅栽培系统保护与发展规划》，部署实施"万亩杨梅上高山""杨梅梯度栽培""百里杨梅长廊"等重点工程建设。

表6-1　仙居杨梅种植面积和产量变化

年份	种植面积／公顷	产量／吨
1990	1 500	4 600
2013	9 000	45 000
2018	9 246	90 000

全国绿色食品原料标准化
生产基地证书
（仙居县政府／提供）

仙居科技兴林示范基地（仙居县政府／提供）

3. 三产融合 多元园区

观光旅游业的不断兴起也为仙居杨梅产业的发展带来了新的机遇。近年来，仙居县政府不断延伸杨梅产业链，共建造了1个杨梅省级现代农业园区、1个省级杨梅示范区、10个高标准仙居杨梅示范园区等。此外，仙居还拥有两家国内最大的杨梅专业加工企业，两条投资总额近亿元属国内首创的万吨杨梅深加工生产线。在旅游景点方面，县内拥有国家5A级景区神仙居、国家级风景名胜区和国家4A级旅游区158平方公里。目前，仙居已连续举办了二十届杨梅节，同时推出了数条杨梅采摘游精品路线，创建了杨梅观光采摘基地，建设了杨梅产业的最美田园。

杨梅产业链条持续延伸，以杨梅和杨梅文化为主题旅游方兴未艾，仙居县相继开发了中国杨梅都、杨梅大观园、杨梅公园、杨梅发源地、高山生态观光杨梅基地、杨梅庄园等与杨梅相关的旅游项目。仙居县按照"跳出杨梅做大杨梅产业、跳出杨梅做大中国杨梅都"的"两个跳出"战略思维，不断拓展涉杨梅产业链条。仙居县政府制定出台《仙居县支持杨梅业电子商务产业园发展实施意见》，从税收返还、宣传费用补助、租金减免、装修补贴等方面，对入驻产业园的企业给予实质性支持。仙居遗产地居民搭建农民创业园，推进杨梅机具产业基地、杨梅包装城等一批高端产业平台，带动产业集群发展、系统升级。

4. 科技助力 品牌之花

在古代，仙居因独特的地理地貌和气候条件孕育了甘美鲜爽的杨梅，让"吴越杨梅"传为美谈；在今天，科技的力量与科学的管理手段让"仙居杨梅"名扬四海。目前，杨梅产业得到了历届仙居县委县政府的高度重视。政府在原有种植基础上适时的引进新品种进行品种的改良，并根据需要梳理整合了行政、科技及社会资源，利用行之有效的方式开展梅农培训，2017年，杨梅产业培训2 500人次，编印出版了《仙居杨梅栽培技术与管理》一书，做到培训有教材、规范化。该书目前已被收录到由科技部农村科技司主编的国家星火计划培训丛书。此外，在产业技术投入方面，仙居县政府与浙江大学、浙江省农业科学院等共建新型创新服务平台——浙江杨梅产业研究院，制定杨梅产业行业标准。杨梅产业化研究和储藏物流核心技术等荣获国家科学技术进步二等奖、浙江省科学技术一等奖。由于杨梅糖分高、多汁味美、无果壳，而且其成熟期集中在高温多雨的六七月，因此杨梅的贮运比较困难。近年来，仙居县政府高度重视杨梅保鲜研究，目前通过技术引进、合作研究等形式，已分别从浙江大学及浙江工商大学引进了"杨梅采后寿命和低温节能运输保鲜技术""杨梅包装膜防结露和表面驱虫技术"及"杨梅综合保鲜技术"，已经能让仙居杨梅鲜果的销售范围拓宽至全国各地。

2014年初，"仙居杨梅"证明商标还在比利时、荷兰、卢森堡、法国、德国、意大利、俄罗斯、西班牙、澳大利亚、日本、韩国、新加坡、美国13个产品销售国及目标市场国成功注册。一批获得出口注册登记的杨梅基地及杨梅包装企业名单涌现。一批单位和个人现场领到了"仙居杨梅"证明商标准用证。多年来，仙居人坚持借托农时果季，举办杨梅节庆，以梅

杨梅综合保鲜技术（仙居县政府／提供）

为媒，广交天下朋友，促进商贸合作，全面推进农业与文化旅游的联动发展、经济与文化的互促共进。2019年杨梅节期间，仙居精心推出仙居地方工业产品暨名优特产品产销对接会，仙梅之约——长三角旅游发展高峰论坛，仙居旅游、工艺礼品、绿色农产品推广周，招商引资项目推介暨签约仪式，网络杨梅节，杨梅果园（杨梅企业）观光旅游等系列活动。杨梅销售市场已形成网络，营销手段和方式逐步向代理制、连锁化及电子商务发展。

5. 千年底蕴　传承遗风

经过千年的历史沉淀，仙居形成了具有地方特色的杨梅文化，仙居人习俗、节庆、商贸、饮食、建筑、服饰、耕作习惯等无不与杨梅息息相关。随着杨梅产业的发展，历代文坛都涌现出了一大批风流才子，并撰写出了以诗词歌赋、散文、小说、绘画作品等为主的文学作品，这些文学作品，记载了仙居杨梅的历史、传说、发展经历及历代名人、作家与国家领导人对仙居杨梅的评价和产业发展的肯定。对于这些杨梅文化遗产，仙居县政府积极联合多方力量共同保护。在杨梅文化遗产的保护方面，建立农业文化遗产领导小组，由仙居县主要领导负责，其职责为确保农业文化遗产保护项目的顺利实施，同时负责项目的管理和实施。该委员会下设执行办公室，全面负责委员会工作的实施，各下级单位成立相应机构，专人配合工作。组织成立统一的中国重要农业文化遗产浙江仙居杨梅栽培系统保护与发展协会，使其成为果农、政府、客商之间的桥梁与纽带，做好行业管理和服务，代表果农和政府争取技术、资金支持，同时寻找市场，组织销售，成为企业参与决策的平台。

（二）正视挑战　忧思遗产明天

尽管仙居遗产地居民结合自身的经验和外界的支持已对仙居古杨梅群复合种养系统展开了多方位的保护，但由于现代文化的影响、自身条件的约束以及自然灾害的冲击，仙居古杨梅群复合种养系统仍面临着前所未有的挑战，只有正视这些挑战，才能真正做到遗产的保护与文化的传承。

1. 传承之困　传统文化与现代文明的矛盾

随着中国工业化、城镇化速度的加快和农业生产比较效益的下降，农村中大量青壮年劳动力向城镇转移，尤其是受过良好教育的年轻人普遍留居在现代城市。仙居县也同样面临这样的情况，从事古杨梅群的保护与复合栽培工作的人才比较缺乏，留守的人往往是精力不足的高龄劳动力，在农村从事杨梅种植、杨梅基地管理和杨梅初制等工作的一般是50岁以上的劳动力，甚至70多岁的老人还在进行杨梅种植和管理活动。特别是由于传统农业生产周期长、投入大、收益低，随着当地旅游业的开发及其带来的高额经济利润的刺激，大量劳动力从田间地头转向旅游服务业，农村中的年轻人也更愿意选择体面的工作，如杨梅销售或直接进城务工。

遗产地无人留守的旧宅子（张凤岐／摄）

劳动力转移后空无一人的老屋
（张强／摄）

散落在林间的塑料垃圾（冯培／摄）

年轻、文化程度较高的农村劳动力的流失导致果农在长期生产实践中总结的经验智慧得不到很好的传续，如杨梅林的选址、杨梅的栽培、修剪、施肥、病虫害防治、复合种养系统的建设与管理都需要人量知识和技能，而这些技艺需要在长期的实践中不断学习和锻炼。此外，现有的农村劳动力科学知识缺乏，不利于先进农业技术的推广，也不利于组织化、规模化的现代农业生产经营对从业人员的素质要求。因为化肥、农药对系统作物有短期的增长作用，而且操作简便，看似见效快，所以遗产地的农民开始抛弃过去的生物肥料、绿肥、粪肥等，改用化肥、农药，尤其近年来有乱用、滥用的趋势。农药瓶、肥料袋等垃圾在杨梅种植区随意丢弃，一方面严重影响了杨梅种植区的自然环境，另一方面也对杨梅的品质产生了负面影响。

2. 发展之忧　先进技术与科技人才的缺失

尽管仙居县政府已然重视杨梅生产的科技投入和质量安全，但是随着国民收入的不断增加，现代人对于生鲜农产品的要求越来越高，同时考虑到今后的海外发展战略，仙居县的杨梅生产技术、营销策略和物流管理的薄弱愈发凸显。随着农村电子商务的快速发展对从业人员的需求不断增加，农村电子商务涉及农业科技、网络销售、生产服务、科学管理等方面。目前，仙居农村电子商务发展迅猛，虽已有一些掌握了必要电子商务技能的工作人员和技术人员，但仍与实际需求有差距，这也限制了农村电商的发展。另一方面，由于杨梅果实属于浆果，极易腐烂、脱落，必须及时采收和送出，保鲜物流就成了保障杨梅品质至关重要的一环。因此，发展电商行业必须要有相应的技术条件作为支撑，尤其是冷链保鲜技术以及运输速度，这也是杨梅产业可持续发展所需克服的障碍。近年来，杨梅贸易各种门槛和要求不断增多，成为限制仙居县杨梅出口的瓶颈之一。食品安全标准越来越高，对千家万户种杨梅、卖杨梅的生产经营格局，形成极大压力。相对于越来越高的质量标准，仙居县农产品质量检测能力相对比较薄弱，检测设备、人员等方面明显不足。

3. 突破之难 品牌效益和管理理念的不足

随着经济的发展，人民对生活质量的追求也随之提高，更多的人在选择水果时，更加看重水果的品质和品牌，电商行业的快速发展与政府对互联网销售监管不够完善之间的矛盾，使杨梅质量优劣与品牌正宗与否的问题日益凸出。由于缺少县级中心杨梅市场，市场的集散功能没有得到充分发挥，全县各地可见的杨梅"马路市场"让人大跌眼镜，实在有损仙居杨梅品牌的整体形象。此外，仙居杨梅销售季存在突出的随意摆摊设点问题，销售缺斤短两、欺诈消费者行为，最突出的问题是在环城南路的交叉口、高速公路入口处与省道两侧等的马路市场销售。这些地方交通压力大，尘土飞扬，空气污浊，既不安全又难管理。目前仙居县从事杨梅销售的大户大多仍处于自发无序状态，几乎没有市场整合能力，资金链过长，难以实现规模化经营，尤其在东北、西北以及海外地区的销售宣传工作不到位，市场占有率低，影响到仙居杨梅产能与价值的进一步扩大。而且，仙居地处浙江东南群山之中，地偏路远，国家整体投资不足，基础设施建设落后，科技研发投入相对不足，这些方面直接影响了仙居杨梅市场与文化体系的构建。虽然近几年加强了杨梅文化的宣传与传播，开展了多届杨梅文化产业节，但是由于投入不足，杨梅文化节热度不是很高，杨梅文化的宣传力度不够。由于仙居杨梅知名度日益提高，周边的杨梅产区纷纷借鉴仙居杨梅的做法再加上各自特色、各显神通，也逐渐发展起来，有些地方的杨梅知名度逐渐赶超仙居杨梅之势。

与此同时，杨梅市场呈现较为强劲的发展势头，随着近年来杨梅在国内外影响力和美誉度的不断扩大，仙居县周边及省内外跟风大量种植，一是造成产量大增，压低市场价格，二是有些仙居县外种植、加工的杨梅在对外销售中打着仙居杨梅的牌子来"搭便车"，以假乱真，以次充好的现象时有发生，对仙居杨梅的销售造成较为恶劣的影响。

此外，还有其他地区杨梅类的竞争。这几年，杨梅业持续发展良好，竞争也就越来越激烈。江西、湖南、福建等杨梅业主产区，也都在加大力度发展杨梅产业，仙居杨梅产品推广面临压力。仙居杨梅的营销模式比较落后，虽出现了一些简单的采摘体验模式，但发展并不成熟，客户服务以及配套设施也不够完善，没有形成吃住行一体化的产业链。长此以往，仙居杨梅的品牌优势及竞争力将日渐式微。

表6-2　仙居杨梅的市场销售份额　　　　　　　单位：%

销售区域	东南	西北	华中	华东	华南	华北
市场份额	11.32	6.88	20.95	25.65	17.53	17.64

此外，一些不法商贩组织外地的劣质杨梅假冒仙居杨梅，给仙居杨梅造成了巨大损失。甚至有些仙居当地的农民专业合作社与销售组织在生产经营时以次充好、欺瞒客商，仙居杨梅品牌得不到保护，严重影响了仙居杨梅的市场声誉。同时杨梅种植户的品牌意识淡薄，目前仙居杨梅的农民专业合作社、经营贸易组织繁多，所用商标迥异，以次充好，假冒伪劣现象时有发生，统一管理仙居市场已势在必行。

目前，仙居县"梅－茶－鸡－蜂"四大产业中仅杨梅行业一枝独秀，茶、鸡、蜂的发展参差不齐，而在整个古杨梅群复合种养系统中，茶、鸡、蜂的作用不可或缺，但由于茶、鸡、蜂产业带来的经济效益远不如杨梅，因此，当地居民逐渐将发展重点集中在杨梅产业上，而对于茶、鸡、蜂的重视程度逐渐下降，同时对茶、鸡、蜂的保护力度也不均衡，从而导致整个古杨梅群复合种养系统出现了多处短板，对系统的长久发展造成了较大危害。

4. 自然之险　极端气候和病虫灾害的冲击

尽管仙居县种植杨梅具有得天独厚的条件，但是近年来，极端性气象已逐步显现，如极端低温或高温，干旱，大风、龙卷风，雷暴等，并有逐渐加剧的趋势。在自然灾害频发的年份，仙居杨梅产量因遭受自然灾害的损失约在20%～30%。仙居县临近东海，饱受夏季大风、台风的影响，机械损伤较重，品质降低。同时，雨害的影响也极为明显，仙居杨梅成熟季节恰是多雨时，连续降雨导致杨梅无法采摘，落果严重，产量就无法保证。除了这些极端气候灾害外，病虫害的影响也极为严重，杨梅白腐病、肉疮病和吸果夜蛾等病虫害会严重影响杨梅品质和产量。仙居杨梅成熟后期，如果遭受多日连续高温，易导致高温逼熟，大大降低杨梅品质和贮藏时间。此外仙居县的梅林

被台风刮倒的古杨梅树（冯培／摄）

基础设施普遍较为薄弱，杨梅多在山区种植，交通条件差，集约化经营程度低，如水利设施、作业道、避雨栽培设施、防治病虫害设施等仍然不足，保水保肥能力较差，在极端天气的影响下，受灾、减产的影响较大，存在大小年现象，如2014年是杨梅大年，风调雨顺，杨梅产量达7.5万吨；2015年是小年，阴雨连绵，晴天较少，产量下降到7万吨；2016年又逢杨梅大年，当年杨梅产量达8.24万吨。

（三）政府牵头 规划管理保护

对于仙居古杨梅群复合种养系统的保护，仙居县政府起到"领头羊"的作用，目前应着手对当地的物质和文化资源进行梳理和挖

掘，并开展了一系列行动，对仙居古杨梅群复合种养系统的未来发展进行了合理规划和统一管理，在保护仙居传统文化的同时，不断引入现代化的科学技术和管理方式，让仙居的传统文化在新时代中展现出新的魅力。

1. 全面布局　多元推进

仙居县政府作为保护和发展仙居古杨梅群复合种养系统的中坚力量，必须做到统筹规划，全面发展。第一，建立农村一二三产业融合发展先导区建设领导小组，确保杨梅先导区建设顺利，负责项目的管理和实施；第二，建设仙居县果品产销协会，使其成为果农、政府、客商之间的桥梁和纽带；第三，成立杨梅园区办，负责园区创建工作。此外，仙居县的各政府部门要明确自己的职责，同时各部门协调合作。具体而言，由仙居县农业、水利、林业等部门牵头，各乡镇政府配合，实施高效遗产地改造工程，按照"山、水、园、土、管"五管齐下、立体推进的思路，开展专项规划，建设系统防护林带；由仙居县农业、科技、环保等主管部门负责，杨梅科学研究机构配合，开展系统生态环境监测，设立专门机构，综合协调各部门和各地区的生态监测工作，建立生态系统定位观测研究点，长期跟踪监测古杨梅林生态系统的结构、功能、动态和物流、人流、信息流数据。继续推进系统生态环境建设，计划到2020年，遗产地高效生态杨梅基地面积达到30万亩，农资监管与物流追踪能力明显提升，杨梅农药残留得到有效控制。此外，仙居县政府应全力推行《仙居县杨梅标准化栽培技术规程》、编制《中国重要农业文化遗产浙江仙居杨梅栽培系统保护与发展》领导干部读本，做到通俗易懂、实操性强，达到领导干部人手一本，梅农每户一本，并加强相关科学研究，建设生态监测体系。

编制农业文化遗产保护与发展规划，是申报全球重要农业文化遗产的基础，也是有效实施保护传承的前提。因此，仙居县政府首先应该制定以仙居杨梅传统的管理理念为基础的保护计划，辅以当地留存下来的乡规民约，如杨梅种植技术、动植物资源的利用和管理方式，保护地区的生物多样性和文化多样性。制定管理办法更要注重制度的落实，特别是要建立科学机制，规范考核管理。及时明确权属、发放林权树权确保谁栽种谁受益，严厉打击各种侵犯梅农合法权益的现象。各级政府要高度重视，建立行之有效的激励制度，对在古杨梅和种质资源保护以及杨梅产业开发中做出突出贡献的政府部门、梅农、企业、科技工作者给予重奖，授予荣誉称号。在杨梅产区，把仙居杨梅农业文化遗产保护与发展作为任用政府干部的一条重要标准。

2. 多方融资 聚沙成塔

资金问题永远是农业文化遗产保护所需要考虑的最重要的问题，因此，仙居县政府应该建立多渠道的资金筹措方式，设立专项的农业文化遗产保护与发展基金，作为农业遗产保护的特殊资金。对于这笔专项经费，主要包括两种用途：一是生态补偿。这对仙居杨梅产业发展具有重要作用，在科学评估新建杨梅基地以及杨梅群落的生态系统服务功能、遗产地农户对生态保护进行的直接投入和机会成本的基础上，主要通过政府财政转移支付、相关产业（如有机农业、休闲文旅业等）进行补偿；二是与乡村振兴有关项目相结合。目前国家对于"三农"问题十分重视，乡村振兴也是各地方政府的首要任务之一。国家要求各级政府为乡村振兴提供专项资金，仙居古杨梅群复合种养系统可以充分利用这笔资金，在促进乡村振兴的同时加强农业文化遗产保护。同时，还应落实相关优惠政策，继续加大投入力度。仙居县委县政府要把仙居古杨梅群复合种养系统开发列入工作重要议事日程，投入一定的工作经费用于仙居杨梅产业开发的日常管理。不仅要在财政支农资金中安排农业文化遗产保护，还要把它与扶贫工作、以工代赈等项目相结合，切出一部分专门用于农业文化遗产保护。各部门要在贷款、融资、税费减免、用水用电用地等方面给予重点扶持。特别是仙居古杨梅群复合种养系统核心区，要投入专项资金，责任落实到人，形成利益共同体。

除杨梅产业外，茶、鸡、蜂产业的发展也需要政府资金的扶持。政府应该对以杨梅为核心、多元发展其他产业的龙头企业更加重视，给予更大的扶持力度，尤其是那些具有更高生态效益的企业，政府应主动提供技术服务和资金帮扶，必要时甚至可以帮助企业与南京农业大学、浙江大学等高校之间构建合作平台，与京东、淘宝等电商平台牵线搭桥，建立长久的合作关系，为这些企业提供必要的人才支持和渠道资源。

3. 重点扶持　以点及面

在众多的企业中，龙头企业往往起到"领军人"的作用，因此，仙居县政府必须对龙头企业重点帮扶，对杨梅产业进行科学调整，努力将仙居推向国际市场，使杨梅果实达到有机食品的标准，加快资源向龙头企业集中，形成集团作战优势。仙居县的杨梅产业要紧紧围绕安全、历史、文化三个特点，把握市场需求，依托历史底蕴，在弘扬古杨梅群复合种养系统的基础上，发展现代仙居杨梅的新面貌。政府还应积极培育并做大做强领军企业，引导农产品生产企业之间形成基于农业产业链的协作体系，并形成该产业的竞争优势，通过各个价值增值环节上的企业间的密切合作，发挥龙头企业带动力，更好地为品牌农业建设提供基础效率，加快规模效应的聚集。

　　做好仙居杨梅的历史溯源与文化宣传工作，组织系统关联生产企业加入各级营销推介会、展销会和各类展览会中，对龙头企业优先安排展位将文化宣传融入到产品销售与品牌建设中。进一步健全与丰富基层农民（特别是系统核心区）服务体系，要根据全球与中国重要农业文化遗产、浙江省绿色农产品生产基地等指标与要求，强化系统内动植物检疫、生产绿色化建设等公共服务，为仙居县的农产品实现标准化、规模化、品牌化与环境生态化、产品安全化之间的平衡做好服务支撑。积极承担好杨梅、茶叶、仙居鸡等龙头产业与银行等融资机构的纽带角色，加快协调推动银行与企业的对接，扩大企业融资渠道，提高各企业融资积极性。进一步完善仙居杨梅、茶叶、仙居鸡生产龙头企业的梯队建设，完善制定农业龙头企业的筛选标准、考核与奖励办法、进出制度等，不断充实仙居古杨梅群复合种养系统生产开发龙头企业后备队伍，认真考核龙头企业的带动农民致富、特色品牌创建等工作。仙居政府应把提高领军企业的竞争力作为切入点。第一，当地政府应积极鼓励杨梅生产企业进行资金投入以实现科技含量、产业模式、供销渠道、产品品牌等核心竞争力的提升，另外政府则基于以上指标通过补助、补贴等形式，弥补企业提升或升级过程中出现的资金缺口、配套基础设施、改善基地生产条件；第二，政府应积极倡导建立公司、基地加农户等多种形式的贸工农一体化与产供销一条龙的产业化经营模式，协助生产龙头企业处理好与农户的关系，引导建立合理的企业与农民利益分配体系与共享机制，确保企业盈利、农民增收，同时形成以经济利益为纽带的农户与企业的互惠互利联系体。

　　此外，在以杨梅为仙居主导农业产业的大前提下，仙居政府应鼓励杨梅产业经营主体通过要素流动、资本重组和品牌整合，培育"仙居杨梅"农产品区域公用品牌，在典型示范和氛围营造上实现重大突破，着力培育一批"叫得响、传得开、留得住"的知名杨梅品牌。围绕促进杨梅产业可持续发展，不断建立健全杨梅质量安全监管长效机制，着手组建仙居县杨梅产业协会，加强杨梅产业行业自律。全面总结2019年全县的杨梅产销情况，认真分析存在的问题，不断拓宽销售渠道，充分利用电商市场和浙乡邮礼平台，鼓励更多业主创新销售模式，加快进入现代流通与营销业，培育发展连锁经营、直销配送、电子商务等新型流通业态，积极搭建产品线上线下营销平台。

为解决目前仙居古杨梅群复合种养系统内杨梅一枝独秀，茶、鸡、蜂产业发展滞后且参差不齐的困境，考虑到茶、鸡、蜂在整个古杨梅群复合种养系统中不可或缺的重要作用，仙居县政府应当加大对多元发展的企业重点帮扶力度，同时通过杨梅产业带来的经济优势反哺其他产业，从而促进整个古杨梅群复合种养系统的全面发展，也为仙居县多元产业的共同发展提供有力的支撑。

（四）多方参与　共襄美丽家园

仙居古杨梅群复合种养系统的保护并非一蹴而就，也非一方之力即可完成，需要多方群体的长期协作和相互支持。保护仙居古杨梅群复合种养系统不仅仅是政府的应尽职责，更是每一个仙居遗产地居民的职责所在。对于仙居古杨梅群复合种养系统的保护，应该遵循保护与利用的基本原则，保护仙居遗产地居民创造的人与自然和谐发展的生态系统以及历史悠久的璀璨生态文化。保护仙居遗产地居民独特的生态环境、源远流长的历史文化、风俗习惯以及绵延不断的创造活力，不断丰富仙居古杨梅种植遗产地的生态资源和人文资源，将这些悠久的传统文化与现代文化有机结合，以保证这一重要农业文化遗产载体的更新和延续。

1．仙居锦绣　后人传继

农业文化遗产保护涉及多个利益群体、多个产业部门多种学科，需要各方积极配合，建立多方参与的保护与传承机制。在各个利益相关方中，政府部门，尤其是农业部门发挥着主导作用与领导力量，农业部门要认识到农业文化遗产对农业现代化进程、乡村振兴、脱贫攻坚与生态可持续发展等做出的重大贡献及更大的潜在作用，提高政府层面对农业文化遗产项目的认识与认同，促进仙居古杨梅群复合种养系统保护与发展相关项目在地方的顺利开展与运行。同时，充分发挥国家和省市农业部门在项目的领导与协调、科研部门在项目的科技支撑、地方政府在项目的具体实施等方面的重要作用。

农业专家实地开展古杨梅群复合种养系统培训会（仙居县政府／提供）

仙居道路两旁为申请"世界重要农业文化遗产"
准备的宣传牌（仙居县政府／提供）

此外，通过科学研究、举办节日盛典、媒体宣发等平台或形式，加强对当地农民的宣传，提高其农业遗产保护意识，让当地农民自觉加入复合种养系统保护中。同时，进一步营造仙居县的文化氛围，应在仙居县的交通要道、酒店、车站、景区以及核心区进出口处悬挂大幅标语，其中核心区内重点位置悬挂较为永久的标语牌，诸如"全球重要农业文化遗产候选地'仙居古杨梅复合栽培系统'欢迎您""申报全球重要农业文化遗产，功在当代，利在千秋""以申报全球重要农业文化遗产为抓手践行和推进乡村振兴战略"等，对于核心区域的古杨梅树，应该进行登记、注册和挂牌，并且扩大传统种植方式及传统工具的展示，如竹木制的集水工具。除了标语外，还应对核心区农民进行全方面的培训。

2. 文化为骨　人才为翼

对仙居古杨梅群复合种养系统的保护，其核心是对仙居杨梅遗产地文化的保护，因此弘扬当地与系统相关的传统民俗文化是重中之重。由仙居县农业、科技、文化部门牵头，挖掘、培养一批古杨梅群复合种养系统非物质文化遗产传承人。对系统发源地、杨梅王公祠、仙居鸡博物馆等文化遗址和景点进行有效保护和合理发展。整理出版《仙居杨梅农业文化遗产》系列丛书，全面、系统、多方位反映文化的传承、保护、发展与取得的成就，使之成为杨梅对外和对内宣传的一张名片。此外，仙居县政府应进一步整理根植于仙居古杨梅群复合种养系统的诗词歌赋、乡风民俗、传说轶事等传统文化资料，将其汇编成书，典型材料可制作成宣传册。同时设立相关网站，系统介绍杨梅文化，并且收集、保存与推广古杨梅复合栽培传统种植和养殖方法、管护方法和经典的种质资源，并将相关资料编辑成册作为核心区农户的生产指导手册，力求到核心区农户人手一册，同时对系统区域内的传统民居进行保护与修旧如旧，尽可能维护其原貌特征与地域特色。

与此同时，当地政府也应当重视农业科技人才和农业文化人才的建设。当地政府首先应该加强农业文化遗产学及与其密切相关的传统农学、生态学和农业环境保护等学科的教育培训，加强传统型、生态型农业技术人员的培养，建设一支具有一定规模、能够开展农业生物多样性保护、挖掘农业多种经营模式的专业队伍。鼓励企业加大科技投入力度，并加大力度吸引大学生、海归学者和乡贤到遗产地创业就业，力求建设一支多学科背景与多种经营模式的专业队伍。加强科研院所、大专院校与政府、企业、农户的紧密合作，积极开展农业文化遗产综合科学考察，探索因地制宜与时俱进的保护与发展措施，如流纹质火山岩地貌生物多样性保护、杨梅系统旅游业发展潜力预测、多方参与机制建设、动态保护研究等，并建设生态监测体系。同时与之相配套，积极设立农业文化遗产监测与评估的技术机构，综合协调各部门和各地区生态监测工作，与中央或省级有关科研单位合作建立复合种养系统定位观测研究站，长期监测和跟踪研究。在已有合作基础上，进一步加强与高校，如浙江大学、南京农业大学等合作与伙伴关系。在核心区醒目位置挂牌，设立专家工作站和研究生实习基地等，做到一村一站，必要时可以邀请高校的农遗、农林生态、资源环境等方面的专家对古杨梅群复合种养系统核心地区的农户进行一对一的技术指导，邀请高校的经济学、商学专家、农村区域发展专家等为系统相关的企业和农户出谋划策，切实提高当地居民的经济收益。

专家团队对遗产地的古杨梅资源进行统计（仙居县政府／提供）

仙居县政府还应该加强引导和倾斜，提高全县对农业文化遗产的重视。首先，可借鉴农业文化遗产保护先进国家与地区的经验推广和普及文化遗产认养制度和志愿者制度，鼓励年轻人深度参与到农业文化遗产的保护与传承中，吸引在校大学生和青年志愿者加入，引入3层选拔机制，从对农业文化遗产保护的基本素养、对仙居文化的认知以及对古杨梅群复合种养系统的了解程度进行筛选，每年以诸如浙江大学、南京农业大学等高校为依托举办夏令营，将名额限定在40人左右，由高校教授带队，对仙居古杨梅群复合种养系统进行保护，在亲身经历杨梅树保护的同时也能普及相关文化知识，最后表现优异者由仙居县政府颁发定制证书。此外，仙居县政府还可以设立"仙居杨梅保护日"，时间设定在杨梅成熟前一个月和杨梅成熟时期，当地居民和大学生均可参加。在杨梅成熟前一个月的"仙居杨梅保护日"开展古杨梅群复合种养系统全民参观与调查活动，鼓励民众积极报名，政府提供交通便利与安全保障，以此来加强对民众的知识普及，并有效促进城乡交流，同时动员全社会的力量对古杨梅群复合种养系统的施药情况进行监督，严惩非法用药行为。而在杨梅成熟时期的"仙居杨梅保护日"，组织学生与青年团体开展古杨梅群进行参观和采摘活动，让农业文化遗产事业的下一代切身感受到保护农业文化遗产带来的好

浙江省首个"杨梅气象指数保险"（仙居县政府／提供）

处，同时推出茶、鸡、蜂系列的产品，提高除杨梅外其他产品的知名度。

3. 立足仙居　放眼全球

近年来，全球与中国重要农业文化遗产保护工作呈方兴未艾之势，自2002年联合国粮农组织（FAO）发起了全球重要农业文化遗产（GIAHS）保护项目以来，农业文化遗产的多元价值以及GIAHS品牌已经得到国际社会的广泛认可，不少国家都积极参与农业文化遗产的保护与适度利用，这为中国的GIAHS相关产品开拓国际市场、吸引国际投资提供了重要机遇。10年来，众多的国家政府、国际组织先后投入到农业文化遗产的保护与传承工作中来，尤其是中国的农业文化遗产事业、起步早、发展快。2012年农业部开展中国的重要农业遗产（China-NIAHS）发掘工作，使中国成为世界上第一个在国家层面开展农业文化遗产工作的国家，为中国珍贵的农业文化遗产的保护与发展提供了宝贵机遇和广阔平台。如今，农业文化遗产保护与传承已得到了国内各界的关注、认可与参与。

　　仙居县具有悠久的栽培与复合种养历史，当地历千年而成熟定型的"梅－茶－鸡－蜂"复合种养模式、因地制宜的复合种养技术与加工体系、优良的畜禽品种资源、富有地方特色的农业民俗文化等，共同构成了一个具有传统优势与旺盛生命力的农业系统。在当前历史机遇下，保护、传承和利用好这一系统是贯彻落实十七届六中全会精神与乡村振兴战略的重要举措，不仅能够增强产业发展后劲，带动地区农民就业增收、脱贫致富，而且对于弘扬中华农业文化，增强国民对民族文化的认同感、自豪感具有重要意义，最终也会加快在发掘中保护、在利用中传承模式的实现，是发挥传统农业优越性，实现农业可持续发展的一个有效途径。

全球重要农业文化遗产

　　所谓全球重要农业文化遗产（Globally Important Agricultural Heritage Systems，简称GIAHS），联合国粮农组织（FAO）将其定义为："农村与其所处环境长期协同进化和动态适应下所形成的独特的土地利用系统和农业景观，这种系统与景观具有丰富的生物多样性，而且可以满足当地社会经济与文化发展的需要，有利于促进区域可持续发展。"

　　该项目旨在建立全球重要农业文化遗产及其有关的景观、生物多样性、知识和文化保护体系，并在世界范围内得到认可与保护，使之成为可持续管理的基础。截至2019年8月，全球范围内共有22个国家57个项目入选，中国以17个项目位居世界首位，其中浙江省有3项，分别是：青田稻鱼共生系统（2005年）、绍兴会稽山古香榧群（2013年）和湖州桑基鱼塘系统（2017年）。

在仙居县政府的统一部署下，农、林、文、娱等部门联合仙居企业、农业合作社和农民群体，全面开展仙居古杨梅种植群的田野调查工作，各方协调配合，对仙居古杨梅种植群生态系统进行全面普查，收集和整理野生动植物资源数量、古杨梅品种以及相关传说、民间故事、歌谣、习俗、工艺、文化等资料，为仙居古杨梅群复合种养系统申报全球重要农业文化遗产提供有力的支撑。

4. 杨梅资源 良种宝库

浙江仙居杨梅栽培系统的历史悠久而绵长，最早可追溯到魏晋南北朝时期，后代有发展、继承，传至当今，已经历千年，古杨梅群复合种养系统也积累了数量众多、类型多样、品种丰富的古杨梅种质，被杨梅界誉为"杨梅良种之宝库"。

国家果梅杨梅种植资源圃

国家果梅杨梅种质资源圃（National Field Genebank for Prunus mume and Waxberry）挂靠单位为南京农业大学，于 2008 年 12 月由农业部批复建设，2011 年 11 月通过验收。建设地点为南京农业大学江浦园艺试验站（果梅圃）和江苏省太湖常绿果树技术推广中心（杨梅圃），田间保存圃的总面积为 4 公顷，其中果梅圃和杨梅圃面积各为 2 公顷。截至 2018 年年底已收集保存果梅杨梅种质资源 259 份，果梅主要来自日本、中国台湾和中国主要梅产区，杨梅主要来自美国、日本以及中国浙江、福建、江苏等主要杨梅产区。现有固定工作人员 8 名（其中教授 1 名，副研究员 1 名，高级农艺师 4 名，讲师 1 名，实验师 1 名）。常年有博士研究生、硕士研究生等流动研究人员 10 人以上。

初步调查结果显示，目前发现的超过百年树龄的古杨梅树，就已有13 425株，主要分布在福应街道、横溪镇、官路镇、埠头镇、湫山乡的杨岸村和抱龙村等地，不少地方如横溪镇苍岭坑的古杨梅林成片分布、规模可观，其中位于横溪屏风岩顶上的"古杨梅树王"，高近8米，树干直径1米，树冠直径达17米，年产杨梅500千克，为中国现存最古老的杨梅"活化石"。这些数量众多的古杨梅包含了野生杨梅、白杨梅、紫杨梅、红杨梅等多个类型，品种更是繁多，2007年，"早头""小野乌""小炭梅"和"婆膜爷种"品种均为首次发现。可以说，浙江仙居杨梅栽培系统为中国保存了一座珍贵无比的古杨梅种质基因库，这为发现和选育优良品种提供了前提和优势，并在维护生物多样性以及杨梅科学研究方面都具有重要的价值。可惜，由于缺乏没有针对古杨梅的专项保护，古杨梅的数量、分布、品种鉴定等方面缺少全面的认识。大量古杨梅散布于山间、地头，缺少统一管理和定期维护，易受自然和人为因素的破坏，一些村民为采制杨梅，无知地将野生杨梅连腰砍断。导致古杨梅群复合种养系统这一珍贵遗产的根基遭受极大的破坏。

国家果梅杨梅种质资源圃仙居野外观测站授牌仪式（卢勇／摄）

因此，仙居县政府应当加强与诸如浙江大学和南京农业大学的合作，加强系统核心区、资源圃的管理与科学研究工作。为了充分发挥仙居县的地方优势产业，仙居县政府应该按照国家要求，对国内外杨梅的种质资源有计划地进行收集、引进、保存、鉴定、评价和利用；制定及完善杨梅种质资源共性和特性描述规范、数据标准和数据质量控制规范；对种质资源遗传稳定性进行长期定位观测，筛选优异种质，构建核心种质；确保圃内已保存的杨梅种质资源的安全性以及各项任务的完成。

此外，在杨梅种质资源圃旁新建全球首个杨梅文化博物馆，除了与仙居杨梅文化相关物品的静态展示外，定期举办摄影展，同时引入 VR 技术，以仙居千年杨梅文化为主题，让参观者能够身临其境地感受仙居文化，主题内容主要包括仙居县横溪镇下汤村的下汤文化遗址、野生杨梅的驯化、杨梅的传统生产、"梅－茶－鸡－蜂"复合种养系统模拟以及未来仙居杨梅的发展概念模拟等，参观人员可以在离开时进行知识问答，达到一定分数后可以领取属于自己的杨梅果树，在每年植树节统一在圃内种植，参观人员可以亲自前来种植，可以委托当地居民种植，并由仙居县政府统一颁发种植证书。同时，仙居县政府可以与浙江大学和南京农业大学等科研院校共同打造国际杨梅产业经济与文化论坛，邀请国内外杨梅产业专家学者参加，共同讨论杨梅遗产保护、技术发展、产业经济、文化传承等试题，合作编撰全球首个杨梅专题期刊，将参会的相关研究和论文集中发表。

5. 互联网＋新媒致富

自媒体时代的到来为仙居特色产业的发展带来了新的机遇，仙居杨梅特色产业的发展应该充分利用新媒体技术，积极开创仙居杨

仙居县聚仙庄杨梅干红
（仙居县政府／提供）

梅特色产业发展的新局面。第一，加强与新媒体的合作，同时打造自身的公共媒体团队，开通官方微信、微博等对仙居杨梅进行宣传，充分挖掘仙居杨梅种植群的生态与文化资源优势；第二，发展杨梅产品的电子商务，开拓线上市场，并开发具备高生态价值和高文化价值的特色产品，满足现代居民的多元需求；第三，考虑到杨梅的易腐性，引入全新的冷链物流技术，保障仙居杨梅能够快速定时、保质保量地进入生鲜农产品市场，从而有利于仙居杨梅价格优势的发挥。

此外，仙居县政府首先应建立杨梅与茶叶栽培户、仙居鸡与蜜蜂养殖户的有机认证制度，农户持证上岗、定期考核。由于仙居鸡已经被农业部颁发农产品地理标志登记证书，相较于绿茶和蜂蜜有更高的知名度，因此，应将仙居鸡作为第二重点发展产业。仙居县

虚拟现实——VR

虚拟现实（virtual reality，缩写VR），简称虚拟技术，也称虚拟环境，是利用计算机模拟产生一个三维空间的虚拟世界，提供用户关于视觉等感官的模拟，让用户感觉仿佛身临其境，可以即时、没有限制地观察三维空间内的事物。用户进行位置移动时，计算机可以立即进行复杂的运算，将精确的三维世界影像传回产生临场感。该技术集成了计算机图形、计算机仿真、人工智能、感应、显示及网络并行处理等技术的最新发展成果，是一种由计算机技术辅助生成的高技术模拟系统。

政府应建立大型农民专业合作社，并主动与各大电商平台建立合作机制，成立仙居有机农产品专题，产品包括仙居杨梅、仙居鸡、仙居绿茶、仙居蜂蜜及相关副产品，为了最大限度提升消费者对仙居有机农产品的认同，消费者可以自行选择核心区内任意产地的"梅、茶、鸡、蜂"产品，甚至可以自行选择雏鸡，交由合作社饲养，育成后卖给消费者。总而言之，保障产品质量与消费者的自由选择度是仙居有机农产品电商平台的首要销售方针。

仙居古杨梅群复合种养系统历史源远流长，历经千百年，有着众多的辉煌历史，且不断推陈出新，它是人与自然和谐发展的重要农业文化遗产，获得国家农业农村部的认可，被授予第三批中国重要农业文化遗产。2019年，仙居古杨梅群复合种养系统又被农业农村部列为全球重要农业文化遗产候选。在仙居古杨梅群复合种养系统及其背后的人与自然和谐相处的山地绿色发展理念得到越来越广泛的关注与认可的同时，其保护与传承的要求也越来越高，面临的挑战也越来越大。农业文化遗产的保护与传承，依旧任重道远。

附录

浙江仙居杨梅栽培系统

附录1　大事记

新石器时代

仙居县横溪镇下汤村发现新石器时期遗址。

春秋时期

仙居县境属于越国。

战国时期

仙居县境属于楚国。

秦汉时期

仙居县秦朝属闽中郡。

仙居县西汉武帝时属会稽郡。

仙居县西汉昭帝时属回浦县。

仙居县东汉光武帝时属章安县。

仙居县东汉献帝时属始丰县。

三国时期

仙居县属吴国临海郡。

西晋时期

仙居县属于始丰县。

东晋时期

穆帝永和三年（公元347年）设立乐安县，民间族谱记载徐履之担任乐安县令期间，仙居县开始大规模种植杨梅。

南北朝时期

仙居县南朝宋、齐时属临海郡。

仙居县南朝梁时属赤城郡。

仙居县南朝陈时属章安郡。

隋唐时期

仙居县隋文帝时属临海县。

仙居县唐高祖时复置乐安县。

仙居县唐太宗时属始丰县。

仙居县唐高宗上元三年（公元676年），仙居修筑城池。

五代时期

仙居县属永安县。

两宋时期

北宋真宗景德四年（公元1008年）改名仙居县，沿用至今。

北宋宣和三年（公元1121）3月10日，吕师囊揭竿起义，众至万人。先后克仙居、黄岩、天台、乐清四县城，震撼浙东南。

南宋淳熙九年（公元1182年）8月，朱熹巡视仙居。

南宋淳祐五年（公元1245年）仙居陈仁玉撰写中国第一部食用菌专著《菌谱》，填补了古代食用菌研究的空白。

元明清时期

元至正二十七年（公元1367年）10月，明参政朱亮祖攻占仙居县城。

明嘉靖三十一年（公元1556年）6月，县令姚本崇守城不力，倭寇陷城40余日。全城遭血洗，城内建筑除文庙外均被焚毁。姚被谪边疆。是年，改土城为石城。

明万历三十六年（公元1608年）7月，《万历仙居县志》问世。

清康熙十九年（公元1680年）4月，《康熙仙居县志》问世。

清光绪二十年（公元1894年）9月，《光绪仙居县志》问世。

中华民国时期

民国7年（公元1918）4月7日，临海邮局在仙居城内设立邮寄代办所。

民国17年（公元1928年）1月，中共临海县委派委员林迪生来仙，负责党的组建工作和开展农民运动。9月，偕同缙云县委武装委员杨岩溪在新罗村发展金永洪、金小奶弟等入党，建立党支部。11月，共产党领导的仙居县第一支农民武装队伍金永洪游击队建立。

民国20年（公元1931年）6月，红十三军第一团团长雷高升率部进驻龙河潭头村，与金永洪部会保，建立革命根据地。

民国28年（公元1939年）2月，省立台州中学自海门迁本县，初中部设在三井寺，高中部、师范部设在广度寺。10月，中共仙居县工作委员会成立，韩先绶任书记。翌年2月，改为中共仙居县委员会。

民国32年（公元1943年）3月16日，国清寺静权法师来仙居讲经，20日在民众教育馆祭祀抗战阵亡将士，各界人士数百人参加。

民国38年（公元1949年）6月1日，在天台建立中共仙居县委员会，李振洲任书记，田允尚为委员。7月5日，中国人民解放军第二十一军六十二师一八六团解放县城。7月10日，仙居县人民政府成立。

中华人民共和国时期

1982年，仙居花猪被列入国家畜禽遗传资源名录。

1994年，全国人大常委会原副委员长、著名科学家严济慈品尝仙居杨梅后，赞不绝口，欣然题写了"仙梅"二字。

1999年，"仙居杨梅"荣获中国国际农业博览会名牌产品。

2001年，"仙绿"牌仙居杨梅被评为中国农业博览会名牌产品称号和浙江国际农业博览会金奖。

2001年8月，仙居被国家林业和草原局评为"中国杨梅之乡"。

2002年，仙居杨梅通过绿色食品（A）级认证，获准使用绿色食品标志。

2003年，仙居杨梅被评为浙江省首届十大精品杨梅。

2003年6月，仙居10万亩杨梅绿色食品基地建设被国家科技部列入国家级星火项目。

2003年7月，"仙居杨梅"获得原产地保护标记注册证书。

2011年，仙居花猪被列入中国畜禽遗传资源志—猪志。

2011年11月，"仙居杨梅"被国家市场监督管理总局认定为驰名商标。

2013年，仙居县杨梅观光带被农业部认定为中国美丽田园。

2015年，仙居获"全国首个绿色食品原料（杨梅）标准化生产基地"；"浙江仙居杨梅栽培系统"被评为"中国重要农业文化遗产"。

2016年，仙居杨梅获中国农产品区域公共品牌网络声誉50强之一，品牌价值16.31亿元。

2017年，"仙居杨梅"商标在美国、法国等13个国家成功注册。

2018年，仙居县被省农业"两区"办公室列为省级现代农业园区创建对象；被农业部指定为全国新型职业农民培育示范基地（杨梅产业）。

2018年，仙居杨梅种植面积达13.8万亩，投产面积12.5万亩，产

量9万吨，产值6.67亿元，同比增长7.6%，农户人均增收1 700元。

2019年6月，浙江仙居杨梅栽培系统成功列入第二批中国全球重要农业文化遗产预备名单，成为全球重要农业文化遗产的候选地。

2019年9月26日，"仙居杨梅"获得国家农产品地理标志登记产品。

2019年10月8日，中国中小城市高质量发展指数研究成果发布，仙居获评全国投资潜力百强县市、全国绿色发展百强县市。

附录2　　　旅游资讯

（一）仙居美景

1. 神仙居景区

神仙居景区是仙居国家公园核心区，国家级风景名胜区，国家5A级景区。古名天姥山，又称韦羌山。唐李白《梦游天姥吟留别》一诗，吟诵的就是神仙居的奇幻美景。神仙居里呈现出的大量近于神幻的景象，令游客无不惊叹。山上留有清朝乾隆年间仙居县令何树萼题"烟霞第一城"，意云蒸霞蔚之仙居，景色秀美，天下第一。

神仙居地质构造独特，是世界上最大的流纹质火山岩地貌集群，一山一水、一崖一洞、一石一峰，都能自成一格，拥有"观音、如来、天姥峰、云海、飞瀑、蝌蚪文"六大奇观。目前，该景区分南海、北海两块，"西罨慈帆""画屏烟云""佛海梵音""千崖滴翠""犁冲夕照""风摇春浪""天书蝌蚪""淡竹听泉"被称为神仙居新八大景。景区南北两侧，为江南峡谷风光，林泉相依，以岩奇、瀑雄、谷幽、洞密、水清、雾美取胜，千峰林立，气象恢宏。从北海索道上去，自南天索道下来，数公里的旅程均在数百米高的

神仙居5A级景区标牌　冯培／拍摄

烟霞第一城题字　冯培／拍摄

神仙居景色　陈雪音／拍摄

栈道上进行。其间依次行走在菩提道、般若道、因缘道、观音道、飞鹰道与无为道这六条道上。途中鸟鸣婉转，移步换景，如置身画卷之中行走，虽有陡坡亦不足道哉。

景区内负氧离子含量奇高，平均达2.1万个／厘米^3，最高处达8.8万个／厘米^3，是名副其实的天然氧吧。得闲即是仙，行走其间，寻心朝圣，观得本心，自在愉悦。神仙居以自然风景取胜，山中竹林、瀑布密布，基本保持了原始野趣。景区分南北门，在西罨寺和聚仙谷分别新建了北海、南天桥两条索道；也可以从南北门徒步约1小时后乘坐缆车直达山顶。每年五六月和九十月间（六月为盛花期），神仙居景区（北）入口处的薰衣草渐次开放，煞是好看。

张纪中版《天龙八部》连续剧、电影《功夫之王》和新版《白发魔女传》等，均在神仙居取景。

2. 景星岩景区

仙居县景星岩风景旅游有限公司于2001年4月16日与当地政府和县风景旅游管理局签订了合作开发景星岩景区的协议。2005年5月，国务院批准景星岩景区为浙江省唯一由民营开发经营的国家重点风景名胜区，同时也是国家4A级旅游区。

景星岩景区位于仙居县县城城西27公里处，总面积27.13平方公里。海拔742米。与神仙居景区相邻，并且景区周边范围广、景点多、发展潜力大。景星岩整座山体南北长而东西狭，首尾昂起。像一艘巨大的轮船泊于此。两台高速电梯（每台一次可乘20人），将游客直送景区。鬼斧神工的奇峰峭壁，绮丽如画的翠竹秀林，天外有天，山外有山，构成了这里的奇特景观。电影《功夫之王》、电视剧《越王勾践》都曾在这里取景。

景星岩夜景山峦重叠，明月东悬，仿佛浮于波涛之上。入住景星岩大有可摘星揽月和飘飘欲仙之感。故人们将景星岩称谓之人间仙境。主要景点有：望月长廊、雄狮揽球、龙池、圆寂塔、金龟探月、袈裟坡、玉柱峰、瞭望亭、望月楼、神仙洞、凉风洞、雄鹰展翅、飞马迎客、摘星亭、静居寺等。

景星岩景区不仅自然景观秀丽。同时有着十分丰富的人文景观及灿烂的历史文化。宏伟古远的净居寺，258米长的望月长廊；全国罕见的和尚圆寂塔；典雅幽静的望月楼、梦月楼、奔月楼（39个客房）；古色古香的醉月楼（同时能容纳400人就餐）；风情无限颂月场（会议、娱乐），是旅游、休闲、度假、会议、影视拍摄的最佳去处。

3. 皤滩古镇

皤滩古镇是一个商贸古镇，建于唐宋，盛于明清。早在公元998年前，皤滩就因水路便利成为永安溪沿岸一个繁华的集镇。经过千年发展与沉淀，古镇仍保留唐、宋、元、明、清、民国遗留下来的民宅古居，布局精美，是祖先留给后代的宝贵财富和历史见证。

景星岩景色（仙居县政府／提供）

古镇的核心景点是一条由鹅卵石铺成的"龙"形古街。该街位于仙居城西25公里处，形似曲龙，西龙头，东龙尾，中段弯曲成龙身。龙头所对正是五溪汇合点，龙尾所在处是一座国内罕见的砖雕牌坊，高3.5米，跨度8米，所用砖头外表镶刻一组组玲珑剔透、栩栩如生的龙凤、麒麟、仙鹤、仙鹿、花卉、人物等图案，风水之妙尽显无余。

皤滩古街区占地8万多米²，其中精华地段为832米。街内店铺林立，店牌字号鳞次栉比，当铺、钱庄、赌场、春花院、茶楼、酒肆一应俱全，至今存有石板柜台100多个、店铺260名家。其中具有重要文物价值的有：唐太宗李世民诏词"霞蔚云蒸"的麻布堆灰匾；清雍正年间张若霞的"贻厚堂"匾；清吏部侍郎齐召南的手迹"洛社名高"匾；建于南宋绍兴年间的何氏里宅居里的"大学士"匾与密麻盖壁的"官报"、"捷报"等榜文真迹，还有宋代名臣胡则（民间称胡公）的纪念堂，无不折射出古镇的文化内涵。

古街区还保留着众多的明清家具及明清遗风，"古民乐""花灯""民间大戏""明清茶道""八大碗"等民间艺术和饮食文化。

皤滩（樊江剑/摄）

皤滩古镇介绍（张凤喊/摄）

4. 高迁古民居

高迁古民居群位于风光秀丽的仙居风景名胜区。在西部白塔镇境内，距县城19公里，拥山环水。

古民居群规模宏大，布局精巧，保存完整，历数百年而不衰。民居外形优美，立面简洁，构架坚固，尤以镶嵌在门窗棂台上精美的石雕刻、木雕刻闻名遐迩。这些石雕刻、木雕刻玲珑

高迁村古民居俯视图（徐小凤／拍摄）

剔透，风格多样，或古拙、或匀称、或简洁、或繁复、或遒劲雄奇、或细密工整，是我国古代民居雕刻艺术的集中体现，具有很高的观赏和研究价值。尤以木透雕动物花卉、木浮雕人物故事让人叹为观止。

高迁古民居是吴氏一族集居地，保存有十三座明清年间仿照太和殿建成的古宅院，是典型的江南望族居住地。吴氏一族始于五代（梁）光禄大夫银青，史上曾涌现出北宋龙图阁直学士吴芾、南宋左丞相吴坚、明代左都御史吴时来等杰出人才，至十七世浙东副元帅、怀远将军兼仙居县尹熟公来高迁居之。

高迁古民居至今仍有村民在其中生活起居。群内村民天性开朗、心灵手巧，生活淳朴，当地尚留有相当多的传统习俗，如纺纱、结带、编草鞋、捣年糕、做佛事等。人与古居相得益彰，一幅与世无争的和平景象令游客羡慕不已。

5. 淡竹休闲谷

淡竹休闲谷又名淡竹原始森林，位于仙居县西南部淡竹乡境内，距县城45公里，是仙居国家重点风景名胜区核心景区之一。总面积80平方公里，景区内的亚热带常绿阔叶林地蕴藏着丰富的动植物资源和多样的生物圈，拥有2 000多种野生动植物品种。

其中属国家保护和珍稀濒危的野生动植物有100余种，包括南方红豆杉、香果树、白颈长尾雉、金钱豹、娃娃鱼等，被专家誉为省内罕见的天然植物"绿色基因库"和植物"博物馆"，享有"天然药物宝库"之美誉。淡竹原始森林是以"林"为特色的生态旅游休闲景区。

景区分为休闲游览区、科普观赏区、森林控险区三大区。景区从石头古村到茅草山庄的长达7公里的溪谷休闲区，可让游客尽情地享受农家乐、天然浴场、茶馆品茗和休闲度假等农家田园情趣；从茅草山庄到龙潭虎穴这段沟谷清泉交汇线为科普观赏区，当游客悠闲自得地漫步在这2公里的小径时，将会感受到生物的多样性和大自然的和谐旋律，呼吸到森林氧吧的负氧离子，让你心旷神怡，流连忘返。

6. 永安溪绿道

永安溪绿道由城区永安公园到4A级风景区神仙居，途径福应、南峰、步路、官路、田市、白塔六个乡镇（街道）；连接新区、台湾农民创业园、神仙居度假区三大主平台；串联神仙居、高迁古村、永安溪漂流、石仓洞及薰衣草、草莓、蓝莓基地等自然与人文景区。车骑慢行于永安溪绿道，走累了就歇歇，新建的10个驿站不仅能供游客休息，还为游人提供自行车租借、快捷餐饮服务。置身田园郊野，移步换景，每一步都有绿意相伴，每一节都会有风景相伴。

永安溪绿道（徐小凤／摄）

7. 公盂岩

有"华东的香格里拉"之称的仙居公盂山位于浙江仙居田市镇，地图上叫公盂村。公盂村里仅有30户人家，人少景美的好地方。公盂村四面奇峰环绕，峰顶海拔在1 000米左右，村庄被山峰围成了一个小小的盆地。攀上村南的公盂背，美景可尽收眼底。

喜欢户外徒步的驴友们可以安排两天的行程，露营一晚，是很棒的体验，天气好可以看到星空！这里被称为华东的香格里拉，徒步宿营的天堂。它不似神仙居雍容华贵，没有景星岩诗情画意，和

公盂仙岩（董其泼／摄）

原始森林静谧迥异，与十三都文化育人不尽然相同，它的美在于不
为人知的神秘，在于原生态。有人说公盂就像是一幅画，一幅需要
住下来，静静品味、静静享受的画。

（二）仙居美食

1. 仙居八大碗

相传，八仙过海时惹怒了东海龙王，八仙战了很久都没有取得
胜利，又累又饿，就出去寻找食物。八仙在空中腾云驾雾，当飘到
仙居上空时，忽然闻到一股很香的味道，只见一户人家八人围坐在
四方桌边，猜拳、喝酒，桌上的食物看上去很好吃。于是，八仙就
来到人间，好客的仙居人请八仙坐下喝酒、吃菜。八仙当时兴起，
一人做了一道好菜（即采荷莲子、湘子海参、钟离翻碗肉、国舅泡

仙居八大碗（仙居县政府／提供）

鳌、洞宾大鱼、铁拐敲肉、仙姑肉皮泡、国老豆腐）以示庆贺。仙居人为缅怀八仙、讨吉利而称四方桌为"八仙桌"，坐八仙，上八菜，一直流传到现在。

泡鳌是"八大碗"的代表作，也是仙居的标志性小吃。在仙居，以"横溪泡鳌"最有名，主要是用面粉和鸡蛋作原材料。炸泡鳌烫烫的，吃到嘴里，满口生香，口感松软且不油腻。做菜时，将泡鳌从中间切开，放汤里煮成汤菜，撒上葱花，也很好吃！敲肉，则是将瘦肉和生粉合在一起用棒头敲到融合在一起，在汤里加点佐料，很快就能大快朵颐。

2. 仙居鸡

仙居鸡属小型鸡种，小巧玲珑，但结实紧凑、体型俏美，头顶红色单冠，尾缀高翘羽翎。羽毛紧密，且毛色亮丽，有黄、白、黑三种，以黄色居多。仙居鸡几乎具备山鸡的全部优点：敏捷性高、觅食力强、就巢性弱、产蛋期早、产蛋量高。《舌尖上的中国3》有道名菜猪肚鸡，就是由大名鼎鼎的仙居鸡做成。

仙居猪肚鸡（仙居县政府／提供）

3. 永安溪鱼

永安溪为浙江八大水系之一，自仙居发源。因为水质好，永安溪打捞上来的鱼肉质格外鲜美，原生态的生长环境更是让人可以毫无顾忌大快朵颐。除去每年4月15日至5月31日是禁渔期以外，其他时节都可以吃到美味可口的永安溪鱼。

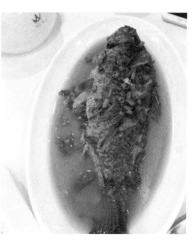

红烧永安溪鱼（仙居县政府／提供）

（三）仙居节俗

1. 杨梅节

为了更好地保护与传承仙居古杨梅群复合种养系统，进一步扩大杨梅品牌影响力，助推各地杨梅采摘观光游活动，拓展消费市场，促进农民增收，仙居政府每年都会携企业、农户共同举办杨梅节。杨梅节活动包括杨梅产销、质量安全和各主产区杨梅采摘、节庆、推介活动相关信息发布，杨梅物流、产销、农旅对接签约，杨梅精品展示与游客体验，现场专家技术咨询等活动。

对于仙居民众来说，一年一度的杨梅节承载着丰收的喜悦。杨梅种植户会举行各种开园仪式，宣布新一年杨梅采摘的开始。仙居杨梅品质好，采摘周期长，杨梅节开始后，杨梅节的相关活动可以持续月余。每到杨梅节，来自全国各地的游客都会涌入仙居，附近的旅社、宾馆甚至会出现一房难求的现象。旅客入住当地以后可以体验进园采梅等活动。

杨梅节盛况（仙居县政府／提供）

2．仙居花灯节

在仙居，闹花灯已有上千年的历史，每年元宵闹灯，一村闹花灯，闹遍四邻村，平时还有庙会迎灯、重大庆典灯会等活动。闹花灯已成为仙居民间主要的风俗传统，而针刺无骨花灯则在传统的灯会中脱颖而出，被誉为"中华第一灯"。

整个花灯由针刺成的各种花纹图案的纸片粘贴而成，其中不乏杨梅图案的纸片。灯身没有骨架，纯靠物理力学原理支持。仅仅是制作一盏普通的花灯，就至少要花数十天，要刺上十几万针，如若是大灯，便要刺上几十甚至上百万针，时间长达好几个月。中华人民共和国成立后，由于"大跃进""破四旧"等种种历史原因，仙居无骨花灯几乎失传，即使是今天，花灯的传承人仍然屈指可数。2006年5月20日，经国务院批准无骨花灯被列入第一批国家级非物质文化遗产名录。

花灯节剪影（仙居县政府／提供）

附录3 全球／中国重要农业文化遗产名录

1. 全球重要农业文化遗产

2002年，联合国粮食及农业组织（FAO）发起了全球重要农业文化遗产（Globally Important Agricultural Heritage Systems, GIAHS）保护倡议，旨在建立全球重要农业文化遗产及其有关的景观、生物多样性、知识和文化保护体系，并在世界范围内得到认可与保护，使之成为可持续管理的基础。

按照FAO的定义，GIAHS是"农村与其所处环境长期协同进化和动态适应下所形成的独特的土地利用系统和农业景观，这些系统与景观具有丰富的生物多样性，而且可以支撑当地社会经济与文化发展的需要，有利于促进区域可持续发展。"

截至2020年4月，FAO共认定59项全球重要农业文化遗产，分布在22个国家，其中中国有15项。

全球重要农业文化遗产（59项）

序号	区域	国家	系统名称	FAO 批准年份
1	亚洲（9国、40项）	中国（15项）	中国浙江青田稻鱼共生系统 Qingtian Rice-fish Culture System, China	2005
2			中国云南红河哈尼稻作梯田系统 Honghe Hani Rice Terraces System, China	2010

（续）

序号	区域	国家	系统名称	FAO 批准年份
3	亚洲 (9国、40项)	中国 (15项)	中国江西万年稻作文化系统 Wannian Traditional Rice Culture System, China	2010
4			中国贵州从江侗乡稻鱼鸭系统 Congjiang Dong's Rice-fish-duck System, China	2011
5			中国云南普洱古茶园与茶文化系统 Pu'er Traditional Tea Agrosystem, China	2012
6			中国内蒙古敖汉旱作农业系统 Aohan Dryland Farming System, China	2012
7			中国河北宣化城市传统葡萄园 Urban Agricultural Heritage of Xuanhua Grape Gardens, China	2013
8			中国浙江绍兴会稽山古香榧群 Shaoxing Kuaijishan Ancient Chinese Torreya, China	2013
9			中国陕西佳县古枣园 Jiaxian Traditional Chinese Date Gardens, China	2014
10			中国福建福州茉莉花与茶文化系统 Fuzhou Jasmine and Tea Culture System, China	2014
11			中国江苏兴化垛田传统农业系统 Xinghua Duotian Agrosystem, China	2014
12			中国甘肃迭部扎尕那农林牧复合系统 Diebu Zhagana Agriculture-forestry-animal Husbandry Composite System, China	2018
13			中国浙江湖州桑基鱼塘系统 Huzhou Mulberry-dyke and Fish-pond System, China	2018
14			中国南方山地稻作梯田系统 Rice Terraces System in Southern Mountainous and Hilly Areas, China	2018

（续）

序号	区域	国家	系统名称	FAO 批准年份
15	亚洲（9国、40项）	中国 （15项）	中国山东夏津黄河故道古桑树群 Traditional Mulberry System in Xiajin's Ancient Yellow River Course, China	2018
16		菲律宾 （1项）	菲律宾伊富高稻作梯田系统 Ifugao Rice Terraces, Philippines	2005
17		印度 （3项）	印度藏红花农业系统 Saffron Heritage of Kashmir, India	2011
18			印度科拉普特传统农业系统 Koraput Traditional Agriculture Systems, India	2012
19			印度喀拉拉邦库塔纳德海平面下农耕文化系统 Kuttanad Below Sea Level Farming System, India	2013
20		日本 （11项）	日本金泽能登半岛山地与沿海乡村景观 Noto's Satoyama and Satoumi, Japan	2011
21			日本新潟佐渡岛稻田—朱鹮共生系统 Sado's Satoyama in Harmony with Japanese Crested Ibis, Japan	2011
22			日本静冈传统茶—草复合系统 Traditional Tea-grass Integrated System in Shizuoka, Japan	2013
23			日本大分国东半岛林—农—渔复合系统 Kunisaki Peninsula Usa Integrated Forestry, Agriculture and Fisheries System, Japan	2013
24			日本熊本阿苏可持续草原农业系统 Managing Aso Grasslands for Sustainable Agriculture, Japan	2013
25			日本岐阜长良川香鱼养殖系统 The Ayu of Nagara River System, Japan	2015

（续）

序号	区域	国家	系统名称	FAO 批准年份
26	亚洲（9国、40项）	日本（11 项）	日本宫崎高千穗－椎叶山山地农林复合系统 Takachihogo-shiibayama Mountainous Agriculture and Forestry System, Japan	2015
27			日本和歌山南部－田边梅子生产系统 Minabe-Tanabe Ume System, Japan	2015
28			日本宫城尾崎基于传统水资源管理的可持续农业系统 Osaki Kôdo's Sustainable Agriculture System Based on Traditional Water Management, Japan	2018
29			日本德岛 Nishi-Awa 地域山地陡坡农作系统 Nishi-Awa Steep Slope Land Agriculture System, Japan	2018
30			日本静冈传统山葵种植系统 Traditional Wasabi Cultivation in Shizuoka, Japan	2018
31		韩国（4 项）	韩国济州岛石墙农业系统 Jeju Batdam Agricultural System, Korea	2014
32			韩国青山岛板石梯田农作系统 Traditional Gudeuljang Irrigated Rice Terraces in Cheongsando, Korea	2014
33			韩国花开传统河东茶农业系统 Traditional Hadong Tea Agrosystem in Hwagae-myeon, Korea	2017
34			韩国锦山传统人参种植系统 Geumsan Traditional Ginseng Agricultural System, Korea	2018
35		斯里兰卡（1 项）	斯里兰卡干旱地区梯级池塘－村庄系统 The Cascaded Tank-village Systems in the Dry Zone of Sri Lanka	2017

（续）

序号	区域	国家	系统名称	FAO 批准年份
36	亚洲（9国、40项）	孟加拉国（1项）	孟加拉国浮田农作系统 Floating Garden Agricultural System, Bangladesh	2015
37		阿联酋（1项）	阿联酋艾尔－里瓦绿洲传统椰枣种植系统 Al Ain and Liwa Historical Date Palm Oases, the United Arab Emirates	2015
38		伊朗（3项）	伊朗喀山坎儿井灌溉系统 Qanat Irrigated Agricultural Heritage Systems of Kashan, Iran	2014
39			伊朗乔赞葡萄生产系统 Grape Production System and Grape-based Products, Iran	2018
40			伊朗戈纳巴德基于坎儿井灌溉藏红花种植系统 Qanat-based Saffron Farming System in Gonabad, Iran	2018
41	非洲（6国、8项）	阿尔及利亚（1项）	阿尔及利亚埃尔韦德绿洲农业系统 Ghout System, Algeria	2005
42		突尼斯（1项）	突尼斯加法萨绿洲农业系统 Gafsa Oases, Tunisia	2005
43		肯尼亚（1项）	肯尼亚马赛草原游牧系统 Oldonyonokie/Olkeri Maasai Pastoralist Heritage Site, Kenya	2008
44		坦桑尼亚（2项）	坦桑尼亚马赛草原游牧系统 Engaresero Maasai Pastoralist Heritage Area, Tanzania	2008
45			坦桑尼亚基哈巴农林复合系统 Shimbwe Juu Kihamba Agro-forestry Heritage Site, Tanzania	2008

（续）

序号	区域	国家	系统名称	FAO 批准年份
46	非洲（6国、8项）	摩洛哥（2项）	摩洛哥阿特拉斯山脉绿洲农业系统 Oases System in Atlas Mountains, Morocco	2011
47			摩洛哥索阿卜－曼苏尔农林牧复合系统 Argan-based Agro-sylvo-pastoral System within the Area of Ait Souab-Ait and Mansour, Morocco	2018
48		埃及（1项）	埃及锡瓦绿洲椰枣生产系统 Dates Production System in Siwa Oasis, Egypt	2016
49	欧洲（3国、7项）	西班牙（4项）	西班牙拉阿哈基亚葡萄干生产系统 Malaga Raisin Production System in La Axarquía, Spain	2017
50			西班牙阿尼亚纳海盐生产系统 The Agricultural System of Valle Salado de Añana, Spain	2017
51			西班牙塞尼亚古橄榄树农业系统 The Agricultural System Ancient Olive Trees Territorio Sénia, Spain	2018
52			西班牙瓦伦西亚传统灌溉农业系统 Historical Irrigation System at Horta of Valencia, Spain	2019
53		意大利（2项）	意大利阿西西－斯波莱托陡坡橄榄种植系统 Olive Groves of the Slopes between Assisi and Spoleto, Italy	2018
54			意大利索阿维传统葡萄园 Soave Traditional Vineyards, Italy	2018
55		葡萄牙（1项）	葡萄牙巴罗佐农林牧复合系统 Barroso Agro-sylvo-pastoral System, Portugal	2018
56	美洲（4国、4项）	智利（1项）	智利智鲁岛屿农业系统 Chiloé Agriculture, Chile	2005

（续）

序号	区域	国家	系统名称	FAO 批准年份
57	美洲（4 国、4 项）	秘鲁（1 项）	秘鲁安第斯高原农业系统 Andean Agriculture, Peru	2005
58		墨西哥（1 项）	墨西哥传统架田农作系统 Chinampa Agricultural System of Mexico City, Mexico	2017
59		巴西（1 项）	巴西米纳斯吉拉斯埃斯皮尼亚山南部传统农业系统 Traditional Agricultural System in the Southern Espinhaço Range, Minas Gerais, Brazil	2020

2．中国重要农业文化遗产

我国有着悠久灿烂的农耕文化历史，劳动人民在长期的生产活动中创造了种类繁多、特色明显、经济与生态价值高度统一的重要农业文化遗产，至今依然具有重要的历史文化价值和现实意义。农业农村部于2012年开展中国重要农业文化遗产发掘与保护工作，旨在加强我国重要农业文化遗产价值的认识，促进遗产地生态保护、文化传承和经济发展。

中国重要农业文化遗产是指"人类与其所处环境长期协同发展中，创造并传承至今的独特的农业生产系统，这些系统具有丰富的农业生物多样性、传统知识与技术体系和独特的生态与文化景观等，对我国农业文化传承、农业可持续发展和农业功能拓展具有重要的科学价值和实践意义"。

截至2020年4月，全国共有5批110项传统农业系统被认定为中国重要农业文化遗产。

中国重要农业文化遗产（118项）

序号	省份	系统名称	批准年份
1	北京（2项）	北京平谷四座楼麻核桃生产系统	2015
2		北京京西稻作文化系统	2015
3	天津（2项）	天津滨海崔庄古冬枣园	2014
4		天津津南小站稻种植系统	2020
5	河北（5项）	河北宣化城市传统葡萄园	2013
6		河北宽城传统板栗栽培系统	2014
7		河北涉县旱作梯田系统	2014
8		河北迁西板栗复合栽培系统	2017
9		河北兴隆传统山楂栽培系统	2017
10	山西（1项）	山西稷山板枣生产系统	2017
11	内蒙古（4项）	内蒙古敖汉旱作农业系统	2013
12		内蒙古阿鲁科尔沁草原游牧系统	2014
13		内蒙古伊金霍洛农牧生产系统	2017
14		内蒙古乌拉特后旗戈壁红驼牧养系统	2020
15	辽宁（4项）	辽宁鞍山南果梨栽培系统	2013
16		辽宁宽甸柱参传统栽培体系	2013
17		辽宁桓仁京租稻栽培系统	2015
18		辽宁阜蒙旱作农业系统	2020
19	吉林（3项）	吉林延边苹果梨栽培系统	2015
20		吉林柳河山葡萄栽培系统	2017
21		吉林九台五官屯贡米栽培系统	2017
22	黑龙江（2项）	黑龙江抚远赫哲族鱼文化系统	2015
23		黑龙江宁安响水稻作文化系统	2015
24	江苏（6项）	江苏兴化垛田传统农业系统	2013
25		江苏泰兴银杏栽培系统	2015
26		江苏高邮湖泊湿地农业系统	2017
27		江苏无锡阳山水蜜桃栽培系统	2017
28		江苏吴中碧螺春茶果复合系统	2020
29		江苏宿豫丁嘴金针菜生产系统	2020

（续）

序号	省份	系统名称	批准年份
30	浙江（12项）	浙江青田稻鱼共生系统	2013
31		浙江绍兴会稽山古香榧群	2013
32		浙江杭州西湖龙井茶文化系统	2014
33		浙江湖州桑基鱼塘系统	2014
34		浙江庆元香菇文化系统	2014
35		浙江仙居杨梅栽培系统	2015
36		浙江云和梯田农业系统	2015
37		浙江德清淡水珍珠传统养殖与利用系统	2017
38		浙江宁波黄古林蔺草－水稻轮作系统	2020
39		浙江安吉竹文化系统	2020
40		浙江黄岩蜜橘筑墩栽培系统	2020
41		浙江开化山泉流水养鱼系统	2020
42	安徽（4项）	安徽寿县芍陂（安丰塘）及灌区农业系统	2015
43		安徽休宁山泉流水养鱼系统	2015
44		安徽铜陵白姜种植系统	2017
45		安徽黄山太平猴魁茶文化系统	2017
46	福建（4项）	福建福州茉莉花与茶文化系统	2013
47		福建尤溪联合梯田	2013
48		福建安溪铁观音茶文化系统	2014
49		福建福鼎白茶文化系统	2017
50	江西（6项）	江西万年稻作文化系统	2013
51		江西崇义客家梯田系统	2014
52		江西南丰蜜橘栽培系统	2017
53		江西广昌传统莲作文化系统	2017
54		江西泰和乌鸡林下养殖系统	2020
55		江西横峰葛栽培系统	2020
56	山东（5项）	山东夏津黄河故道古桑树群	2014
57		山东枣庄古枣林	2015
58		山东乐陵枣林复合系统	2015
59		山东章丘大葱栽培系统	2017
60		山东岱岳汶阳田农作系统	2020

（续）

序号	省份	系统名称	批准年份
61	河南（3项）	河南灵宝川塬古枣林	2015
62		河南新安传统樱桃种植系统	2017
63		河南嵩县银杏文化系统	2020
64	湖北（2项）	湖北羊楼洞砖茶文化系统	2014
65		湖北恩施玉露茶文化系统	2015
66	湖南（7项）	湖南新化紫鹊界梯田	2013
67		湖南新晃侗藏红米种植系统	2014
68		湖南新田三味辣椒种植系统	2017
69		湖南花垣子腊贡米复合种养系统	2017
70		湖南安化黑茶文化系统	2020
71		湖南保靖黄金寨古茶园与茶文化系统	2020
72		湖南永顺油茶林农复合系统	2020
73	广东（3项）	广东潮安凤凰单丛茶文化系统	2014
74		广东佛山基塘农业系统	2020
75		广东岭南荔枝种植系统（增城、东莞）	2020
76	广西（4项）	广西龙胜龙脊梯田	2014
77		广西隆安壮族"那文化"稻作文化系统	2015
78		广西恭城月柿栽培系统	2017
79		广西横县茉莉花复合栽培系统	2020
80	海南（2项）	海南海口羊山荔枝种植系统	2017
81		海南琼中山兰稻作文化系统	2017
82	重庆（3项）	重庆石柱黄连生产系统	2017
83		重庆大足黑山羊传统养殖系统	2020
84		重庆万州红桔栽培系统	2020
85	四川（8项）	四川江油辛夷花传统栽培体系	2014
86		四川苍溪雪梨栽培系统	2015
87		四川美姑苦荞栽培系统	2015
88		四川盐亭嫘祖蚕桑生产系统	2017
89		四川名山蒙顶山茶文化系统	2017
90		四川郫都林盘农耕文化系统	2020
91		四川宜宾竹文化系统	2020
92		四川石渠扎溪卡游牧系统	2020

（续）

序号	省份	系统名称	批准年份
93	贵州（4项）	贵州从江侗乡稻鱼鸭系统	2013
94		贵州花溪古茶树与茶文化系统	2015
95		贵州锦屏杉木传统种植与管理系统	2020
96		贵州安顺屯堡农业系统	2020
97	云南（7项）	云南红河哈尼稻作梯田系统	2013
98		云南普洱古茶园与茶文化系统	2013
99		云南漾濞核桃-作物复合系统	2013
100		云南广南八宝稻作生态系统	2014
101		云南剑川稻麦复种系统	2014
102		云南双江勐库古茶园与茶文化系统	2015
103		云南腾冲槟榔江水牛养殖系统	2017
104	陕西（4项）	陕西佳县古枣园	2013
105		陕西凤县大红袍花椒栽培系统	2017
106		陕西蓝田大杏种植系统	2017
107		陕西临潼石榴种植系统	2020
108	甘肃（4项）	甘肃迭部扎尕那农林牧复合系统	2013
109		甘肃皋兰什川古梨园	2013
110		甘肃岷县当归种植系统	2014
111		甘肃永登苦水玫瑰农作系统	2015
112	宁夏（3项）	宁夏灵武长枣种植系统	2014
113		宁夏中宁枸杞种植系统	2015
114		宁夏盐池滩羊养殖系统	2017
115	新疆（4项）	新疆吐鲁番坎儿井农业系统	2013
116		新疆哈密哈密瓜栽培与贡瓜文化系统	2014
117		新疆奇台旱作农业系统	2015
118		新疆伊犁察布查尔布哈农业系统	2017